机械设计基础

主　编：王佳珺

副主编：邢佳磊　赵继东　王佳智

东北师范大学出版社

长　春

图书在版编目（CIP）数据

机械设计基础 / 王佳珺主编. -- 长春：东北师范大学出版社，2024. 7. -- ISBN 978-7-5771-1642-6

Ⅰ. TH122

中国国家版本馆 CIP 数据核字第 2024R4V944 号

□责任编辑：丁静璇　□封面设计：创智时代
□责任校对：徐　莹　□责任印制：侯建军

东北师范大学出版社出版发行
长春净月经济开发区金宝街 118 号（邮政编码：130117）
电话：010－82893125
传真：010－82896571
网址：http：//www. nenup. com
东北师范大学音像出版社制版
长春第二新华印刷有限责任公司印装
长春市绿园区长白公路 8177 号（邮政编码：130113）
2024 年 7 月第 1 版　2024 年 7 月第 1 次印刷
幅面尺寸：185 mm×260 mm　印张：12　字数：253 千

定价：39.80 元

内容提要

本书是根据职业教育培养人才的目标，按照国家关于职业教育机械设计基础课程教学的基本要求和最新标准，遵循课程内容的内在联系和对事物的认识规律等编写而成的。笔者在编写过程中着重考虑了当今职业教育学生理论基础薄弱的特点，编写了适合学生学习、突出应用的教材。

全书共分七个模块，包括机械设计基础概述、平面机构(自由度的计算、平面连杆机构、凸轮机构)、带传动、链传动、连接(键连接、销连接、螺纹连接)、齿轮传动(齿轮系)、蜗杆传动、轴、轴承及机械的润滑与密封等内容，将机械原理与机械零件的内容结合在一起。本书具有简单、实用、应用性强等特点，不仅可以作为机械类、近机械类各专业的教材，还可以作为各级学校相关专业师生的教学参考书。

前　言

本教材是根据职业教育培养人才的目标和教育部关于机械设计基础课程教学的基本要求，由具有多年教学经验和生产实践的教师，结合当今职业教育学生的特点编写而成的，可供机械类及机械类相关专业使用，也可供有关专业师生和工程技术人员参考。

本教材具有以下特点：

1. 本教材完整而又系统地阐述了机械零件设计的主要知识，是一本适合机械类及近机械类高职高专学生使用的教材。

2. 在编写过程中着重考虑了学生基础较差的情况，选取较简单且具有实用性的例题，又配合一些课后习题来进行巩固练习。

3. 注重对实际问题的分析，注重培养学生对一般机器装置的测绘、装拆、运用和维护等能力，并注重培养学生的创新意识。

4. 本教材设计的名词、术语均采用最新的国家标准。

5. 本教材配有习题册及答案供学生练习及教师教学参考使用。

本教材由王佳珺(模块六)任主编，邢佳磊(模块五)、赵继东(模块三、四)、王佳智(模块一、模块二、模块七)任副主编。

对在编写过程中给予帮助和支持的教师表示由衷的感谢!

由于编者水平有限，时间仓促，书中难免有错误和不足之处，恳请广大读者批评指正。

前言

目　录

模块一　绪　论

任务一　本课程的研究对象、性质和内容

在日常生活和生产实践中，人们为了减轻劳动强度，提高工作效率，于是创造并发展了机械。现在，人们广泛地使用着各种机器，如汽车、洗衣机、拖拉机、起重机、机床等。

任务描述

观察图 1 - 1 单缸内燃机，试分析其组成和性能用途。

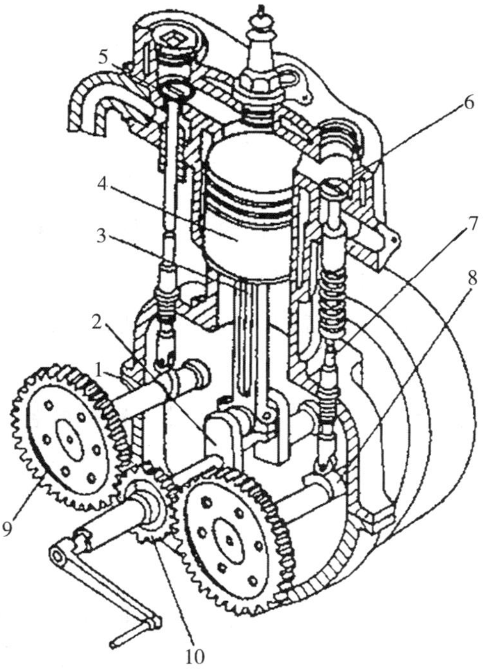

图 1 - 1　单缸内燃机

1—气缸体　2—曲轴　3—连杆　4—活塞　5—进气阀
6—排气阀　7—推杆　8—凸轮　9、10—齿轮

任务分析

机器的种类繁多，其结构、性能和用途各不相同，但分析其组成又可看出共同点。

知识准备

1.1.1　本课程的性质

本课程是机械类和近机械类各专业的一门必修技术基础课，是后续专业课程或解决工程实际问题的必备基础，在教学中起着至关重要的作用。本课程旨在培养学生掌握通用机械零件和常用机构的基本知识、基本理论和基本技能，使他们基本具有分析、运用和维护机械传动装置和机械零件的能力，为今后解决生产中的实际问题和学习打下基础。

1.1.2　本课程的内容

本课程分七个模块安排了常用机构的基本原理、机械传动、机械连接、支撑零部件设计等方面的教学内容。通过对本课程的学习，学生可以初步具备一般机构和零部件的分析和设计能力。

1.1.3　本课程的任务

本课程的主要任务是：

(1)培养学生熟悉通用零部件和常用机构的工作原理、结构、特点及应用，掌握其设计原理和方法，初步具有设计简单机械传动装置的能力。

(2)培养学生具有与本课程相关的解题、运算、绘图、执行国家标准、收集和使用技术信息与资料的技能。

(3)培养学生初步具有测绘、装拆、调整、检测一般机械装置的技能，并初步具有运用和维护机械传动装置的能力。

任务小结

如图 1 - 1 所示，单缸四冲程内燃机由气缸体 1、曲轴 2、连杆 3、活塞 4、进气阀 5、排气阀 6、推杆 7、凸轮 8、齿轮 9 和齿轮 10 组成。当燃气推动活塞 4 做往复运动时，经过连杆 3 使曲轴 2 做连续转动。凸轮和推杆用来开启和关闭进气阀和排气阀，为了保证曲轴每转两周进、排气阀各开启和关闭一次，在曲轴和凸轮之间装了齿数比为 1∶2 的齿轮传动装置，从而将燃气的热能转换为曲轴转动的机械能。

从上述实例分析可知，机器具备 3 个主要特征：

(1)它们都是人为的实物(构件)的组合体。

(2)各个实物(构件)间具有确定的相对运动。

(3)能做有用的机械功或完成能量、物料与信息的转换和传递。

为了更全面地认识机器，下面分析机器的组成。

从制造的角度看，机器是由若干个零件装配而成的。零件是构成机器的基本要素，是机器中不可拆卸的制造单元。零件按其是否具有通用性可以分为两大类：一类是通用性零件，它的应用很广泛，几乎在任何一部机器中都能找到，如轴、齿轮、键和销钉等；另一类是专用性零件，它仅用于某些机器中，可表征该机器的特点，如起重机的吊钩等。

有时为了装配方便，常将一组协同工作的零件分别装配或制造成一个个相对独立的组合体，然后再装配成整机，这种组合体被称为部件(或组件)，例如汽车的发动机、车床的主轴箱、自行车的脚蹬等。将机器看作由零部件组成，不仅有利于装配，还有利于机器的设计、运输、安装和维修等。

从运动的角度看，机器是由构件组成的。构件即组成机器的各个相对运动的单元体，它可以是一个零件，如曲轴，也可以是若干个零件的刚性组合体。各构件之间也是有联系的，靠运动副来传递运动和力的系统被称为机构，如连杆机构、齿轮机构等。从运动的观点来看，机器与机构并无本质区别，因此，常将机器与机构统称为机械。

从功能分析的角度看，机器是由原动部分(如电动机、内燃机)、执行部分(如汽车轮)、传动部分(如齿轮机构、带传动机构)和控制部分(如机械控制系统、电气控制系统)组成的。

任务二　机械设计的基本要求、原则和一般程序

任务描述

机械设计都有哪些基本要求及原则？

任务分析

机械设计的原则是在完成规定功能的前提下性能好、效率高、成本低，在规定使用期间安全可靠、操作方便、维护简单和造型美观等。

知识准备

1.2.1　机械设计的基本要求

机械设计是人们从生产和生活的实际出发，运用设计理论、方法和技能，经过构思、

计算、绘图等过程，创造新机械的活动。机械设计可以是开发新产品，也可以是改造现有的机械。尽管机械的类型很多，但其设计的基本要求大致相同，主要有以下几个方面。

1. 使用要求

使用要求是指在规定的工作期限内满足用户的功能要求，这是对机械产品的首要要求，也是机械设计的根本出发点。

2. 工艺性要求

工艺性要求是指在保证使用要求的前提下，尽量使机械的结构简单，便于加工、装配和修理。

3. 可靠性和安全性要求

可靠性和安全性要求是指在规定的使用条件下，具有完成预定功能的能力，这是设计机械产品的必备条件。

4. 经济性要求

经济性要求是指在设计、制造方面周期短、成本低，在使用方面效率高、能耗少、生产率高、维护与管理费用少等。

5. 其他要求

机械设计除了要使机械达到以上要求外，还要考虑有些机械产品由于工作环境和要求不同，对设计提出了某些特殊要求。例如，设计食品机械要考虑卫生，防止污染；设计航空航天机械要考虑重量轻、可靠性高等要求。

1.2.2 机械设计应遵循的基本原则

为了满足上述要求，机械设计应注意遵循以下原则。

1. 以市场需求为导向的原则

机械设计作为一种生产活动，与市场是紧密联系在一起的。从确定设计课题、使用要求、技术指标、设计与制造工期到拿出总体方案、进行可行性论证、综合分析效用(着眼于实际使用效果的综合分析)、分析盈亏直至具体设计、试制、鉴定、产品投放市场后的信息反馈等都是围绕市场需求来运作的。设计人员要时时刻刻想着如何设计才能使产品具有竞争力，才能占领市场、受到用户青睐。

2. 创造性原则

人类如果不发挥自己的创造性，生产就不能发展，科技就不会进步，也就没有人类的今天。设计只有作为一种创造性活动才能具有强大的生命力。因循守旧，不敢创新，只能永远落在别人后面。特别是在当今世界科技飞速发展的情况下，在机械设计中贯彻创造性原则尤为重要。

3. 标准化、系列化、通用化原则

标准化、系列化、通用化简称“三化”。“三化”是我国现行的一项很重要的技术政策，在机械设计中要认真贯彻执行。

标准化是指将产品(特别是零部件)的质量、规格、结构、性能等方面的技术指标进行整理，制定出大家共同遵守的各种标准。从使用范围来讲，我国的标准分为国家标准、行业标准、地方标准和企业标准四个等级。目前，我国的某些标准正在迅速向国际标准靠拢。

系列化是指对同一产品在同一基本结构或基本条件下规定若干不同的尺寸系列。

通用化是指在不同种类的产品或不同规格的同类产品中尽量采用同一结构和尺寸的零部件。

4. 整体优化原则

设计要贯彻“系统论”和优化思想。性能最好的机器其内部零件不一定是最好的，也不一定是效益最好的机器。只要有利于整体优化，机械零件也可以考虑用电子或其他元器件代替。总之，设计人员要将设计方案放在大系统中去考察，寻求最优，要从经济、技术、社会效益等各个方面去分析、计算，权衡利弊，尽量使设计效果达到最佳。

5. 联系实际原则

所有的设计都不能脱离实际。设计人员特别要考虑当前的原材料供应情况、企业的生产条件、用户的使用条件和要求等。

6. 人机工程原则

机器是为人服务的，也是需要人去操作使用的。如何使机器适应人的操作要求，在人机合一后，投入产出比最高，整体效果最好，这是摆在设计人员面前的一个课题。好的设计一定要符合人机工程学原理。

1.2.3 机械设计的一般过程

机械产品种类繁多，用途各异，但其设计过程却相差不多。机械设计一般可分为以下几个阶段。

1. 提出设计任务，做准备阶段

本阶段应根据市场信息(含预测)或用户要求确定任务，组织有关人员对所设计的机械产品的需求情况进行反复的调查研究、分析，并收集整理信息资料，在此基础上经过论证，明确产品的功能、经济价值和使用条件等，编制设计任务书。

2. 方案设计阶段

根据设计任务书，通过充分的调查研究和试验分析，提出若干个可行的设计方案，经过对比分析，确定最佳的设计方案。总体设计方案对整个设计的成败起到关键的作用，要反复推敲，进行科学论证，全面评价。如果经过筛选之后还剩下两个方案难分伯仲，条件允许时可以齐头并进，在设计过程中，根据实际情况决定取舍。本阶段要提出机械产品的原理图、机构运动简图和传动系统图等。

3. 技术设计阶段

本阶段就是将总体方案具体化，要进行运动设计、动力设计、零部件材料的选择和主要零部件的工作能力(强度、刚度、稳定性、寿命)计算，完成总体设计草图、部件装配草图、零件工作草图、总装配图和有关的设计计算草稿。在此阶段，由于影响设计的因素较多，它们之间又存在相互联系、相互制约的关系，因此，经常导致设计工作出现反复、绘图与计算交叉进行。

4. 整理技术文档阶段

本阶段要根据设计时的情况编写设计计算说明书、使用说明书，还要整理图样，将全部图样装订成册，编写图样目录。必要时可以将全部技术文档存入计算机硬盘，制成光盘或用软件进行处理。

5. 试验分析阶段

前期设计是否达到预期目的、是否合理，还要用技术设计阶段提供的图样等技术文件进行产品试制，设计人员要根据样机存在的问题，对原方案进行修改。

6. 生产设计阶段

根据修改好的设计图样和其他技术文件，进行工艺流程的设计，做好生产的准备。

7. 投产、使用阶段

产品投产后，设计人员还要经常了解销售和用户使用的情况，广泛征求用户的意见，掌握反馈信息，及时发现问题，采取改进措施，使产品更加完善。

在设计过程中，特别要注意处理好继承与创新的关系，既要借鉴成功的经验，又要敢于突破旧的框架，运用创造性思维方法和创造技法去寻找新颖独特的设计，使产品更具竞争力。

任务小结

机械设计的基本要求及原则：优化设计需要综合地考虑许多要求，一般有最优工作性能、最低制造成本、最小尺寸和重量、使用中最可靠、最低消耗和最少环境污染。这些要求常是互相矛盾的，且它们之间的相对重要性因机械种类和用途的不同而不同。设计者的任务是按具体情况权衡轻重，统筹兼顾，使设计的机械有最优的综合技术经济效果。

模块总结

本模块主要介绍了课程的研究对象及机械设计的基本要求、原则和一般程序，介绍了机器、机构、机械等一些基本概念并提出了本课程的主要内容、性质、任务，让学生从总体上对机械设计和本课程有初步的了解。

模块二　平面机构运动简图和自由度

任务一　平面机构的组成

任务描述

各构件只能在相互平行的平面上运动的机构为平面机构。试讨论平面机构由哪些组成。

任务分析

平面机构要素有构件和运动副。所有构件的运动平面都相互平行的机构为平面机构，否则被称为空间机构。构件是机构中彼此相对运动的运动单元体。一个构件可以是一个单独制造的零件，如连杆；也可以是由若干零件连接构成的组合体。构件在机构中的功能分为机架、主动件和从动件。机架是机构中相对静止、支承各运动构件运动的构件；主动件又被称为原动件或输入件，是输入运动和动力的构件；从动件又被称为被动件或输出件，是直接完成机构运动要求，跟随主动件运动的构件。

知识准备

2.1.1　构　件

机构中各个独立的运动单元体被称为构件。构件可能由一个零件构成，如曲柄滑块机构的曲轴；但通常是由若干个零件组成的刚性连接体，如内燃机连杆(图 2－1)。零件是机器制造的最小单元，而构件是机器运动的最小单元。

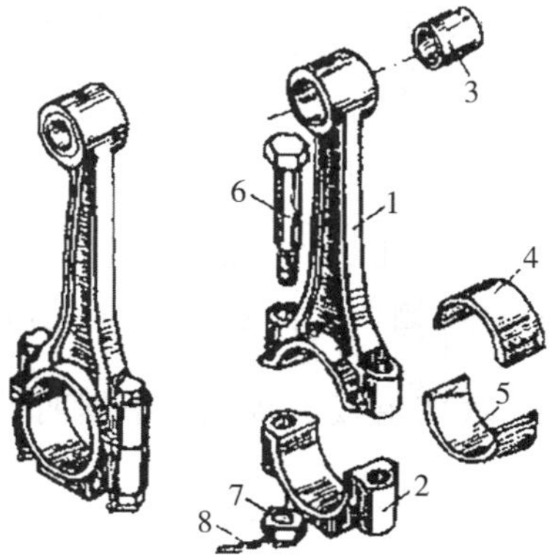

图 2－1　内燃机连杆

1—连杆体　2—连杆盖　3—连杆衬套　4、5—连杆轴瓦　6—连杆螺栓　7—连杆螺母　8—开口销

2.1.2 构件的分类

构件可分为三类。

1. 机架

机构中固定于定参考系的构件被称为机架。它用来支承其他运动构件。一般情况下，机械安装在地面上，机架相对于地面是固定不动的。如果机械安装在运动的物体(如车、船等)上，则机架相对于该物体是固定不动的，但相对于地面是运动的。

2. 主动件

机构中按给定运动规律运动的构件被称为主动件。在一般情况下，主动件常是驱动机构运动的外力所作用的构件，也被称为原动件。机构的原动件一般与机架相连。

3. 从动件

除主动件外的其余运动构件均称为从动件。

2.1.3 运动副及其分类

在机构中，每个构件都必须与另一构件相连接，并使构件间保持一定的相对运动。这种使两构件直接接触并能产生一定相对运动的连接称为运动副。图 2-2 为常见的运动副。

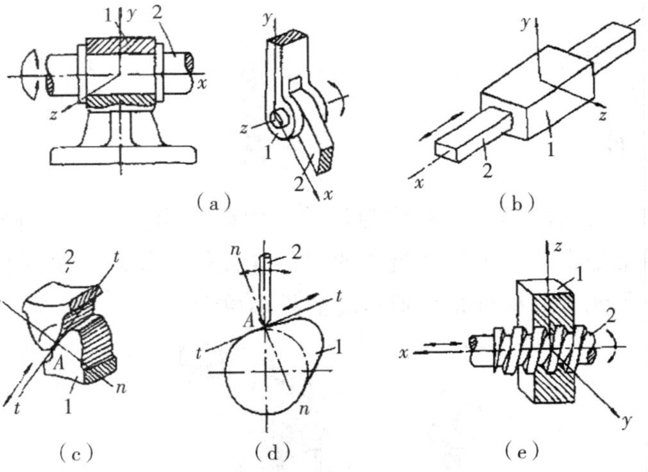

图 2-2 运动副

(a)转动副 (b)移动副 (c)齿轮副 (d)凸轮副 (e)螺旋副

组成运动副的两构件以点、线接触或面接触。根据两构件的接触情况，平面运动副可分为低副和高副两类。

1. 低副

两构件以面接触组成的运动副被称为低副。低副受载时，单位面积上的压力较小。根据构件相对运动形式的不同，低副又可分为转动副和移动副。

(1)转动副

两构件只能在一个平面内做相对转动的运动副被称为转动副，或铰链，如图 2 - 2(a)所示。其左图中因一个构件固定，故被称为固定铰链；右图的两个构件均可活动，故被称为活动铰链。

(2)移动副

两构件只能沿轴线做相对移动的运动副被称为移动副，如图 2 - 2(b)所示。

2. 高副

两构件间以点或线接触的运动副被称为高副。由于构件以点、线接触，接触处的压力较大。高副有齿轮副[图 2 - 2(c)]和凸轮副[图 2 - 2(d)]。

此外，常见运动副还有螺旋副[图 2 - 2(e)]、球面副等，它们都属于空间运动副。

任务小结

平面连杆机构机器的主体部分由许多运动构件组成，用于传递运动和力。由一个构件为机架的、构件间能够相对运动的构件系统为机构。所有构件都在相互平行的平面内运动的机构为平面机构。

最简单的平面连杆机构是由四个构件组成的，即平面四杆机构。它的应用非常广泛，而且是组成多杆机构的基础。四杆机构有两种基本类型：①在满足曲柄存在的平面连杆机构前提下，铰链四杆机构取不同的构件做机架，可得到具有不同运动特性的铰链四杆机构，如曲柄摇杆机构、双曲柄机构和由它们派生出来的平行四边形机构等。②在不满足曲柄存在的前提下，铰链四杆机构的运动链不论哪个杆固定，因无曲柄存在，必为双摇杆机构。

任务二　平面机构运动简图

任务描述

图 2 - 3(a)所示为一颚式破碎机。当曲轴 1 绕轴心 O 连续回转时，动颚板 5 绕轴心 F 往复摆动，从而将矿石轧碎。试绘制此破碎机的机构运动简图。

任务分析

对机械进行分析或设计新的机械时，都需要运用机构运动简图。机构运动简图是一种用规定的简单图示符号表示构件和运动副，并按适当比例绘制的图形。机构运动简图应与它所表达的实际机构具有完全相同的运动特性。从机构运动简图可以了解机构的组成类型，即机构中构件的数目、运动副的类型和数目、运动副的相对位置等。利用机构运动简图可以表达一部复杂机器的传动原理，也可以进行机构的运动和动力分析。

知识准备

机构运动简图符号已有标准，该标准对运动副、构件及各种机构的表示符号做了规定，如表 2 - 1。

表 2 - 1　运动简图中的常用符号

名称		基本符号
活动构件		
固定构件		
回转副		
移动副		
球面副		
螺旋副		
零件与轴连接		活套连接　导键连接　固定连接
凸轮与从动件		
槽轮传动		
棘轮传动		
带传动		类型符号，标注在带的上方　V带　同步带　平带　圆带
链传动		类型符号，标在轮轴连心线的上方　滚子链　齿形链　环形链
齿轮传动	圆柱齿轮	
	锥齿轮	
	齿轮齿条	
	蜗轮与圆柱蜗杆	
轴承	向心轴承	普通轴承　滚动轴承
	推力轴承	单向推力　双向推力　推力滚动轴承
	向心推力轴承	单向向心推力轴承　双向向心推力轴承　向心推力滚动轴承
弹簧		压簧　拉簧
联轴器		一般符号　固定式　可移式　弹性联轴器
离合器		可控离合器　单向啮合式　单向摩擦式　自动离合器
制动器		
原动机		通用符号　电动机

绘制平面机构运动简图的步骤如下：

1. 分析结构和运动情况

观察机构的结构和运动情况，从主动件开始，沿着传动线路分析各构件的相对运动情况，确定运动关系。

2. 确定构件、运动副的类型和数目

分析构件间的连接关系，确定运动副的类型和数目。

3. 选择视图平面

对于平面机构，通常选择平行于构件运动的平面作为视图平面。

4. 绘制机构运动简图

选择适当的比例尺，定出各运动副之间的相对位置，并以简单的线条和规定的符号画出机构运动简图。图中各运动副顺次标以大写英文字母，各构件标以阿拉伯数字，并将主动件的运动方向用箭头标明。

绘制机构运动简图的比例尺 μ_1 为

$$\mu_1=\frac{\text{实际长度}}{\text{图示长度}}$$

工程上还广泛应用不按严格的比例绘制的运动简图，其通常被称为机构示意图。在机构示意图上只是定性地表达出机械中各构件之间的运动和动力的传递关系，绘制较为方便。

任务小结

根据上述绘制机构运动简图的步骤，先找出破碎机的原动部分为曲轴 1、工作部分为动颚板 5。然后循着运动传递的路线可以看出，此破碎机是由曲轴 1，构件 2、3、4 及动颚板 5 和机架 6 等构件组成的。其中曲轴 1 和机架 6 在 O 点构成转动副，曲轴 1 和构件 2 也构成转动副，其转动中心在 A 点。而构件 2 还与构件 3、4 在 D、B 两点分别构成转动副；构件 3 还与机架 6 在 E 点构成转动副，动颚板 5 与构件 4 和机架 6 分别在 C 点和 F 点构成转动副。将破碎机的组成情况搞清楚后，再选定投影面和比例尺，并定出转动副 O、A、B、C、D、E、F 的位置，即可绘出其机构运动简图，如图 2 - 3(b)所示。

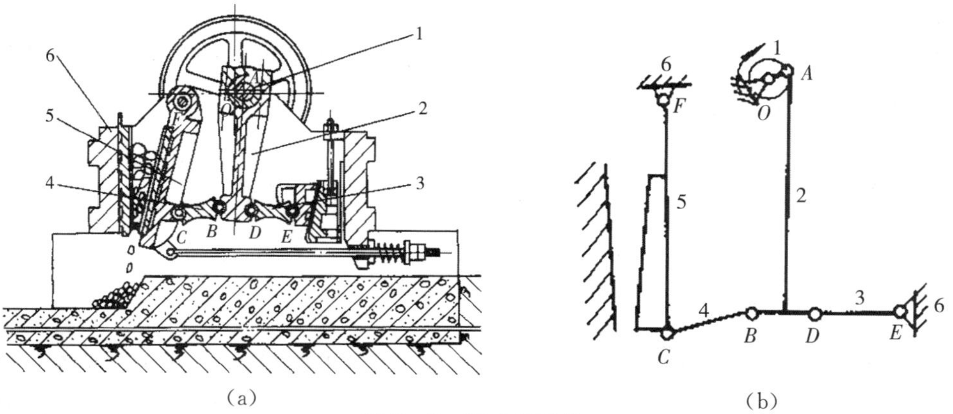

图 2 - 3　颚式破碎机

1—曲轴　2、3、4—构件　5—动颚板　6—机架

任务三　平面机构自由度的计算

任务描述

试计算图 2 - 4 所示的行星齿轮机构的自由度。

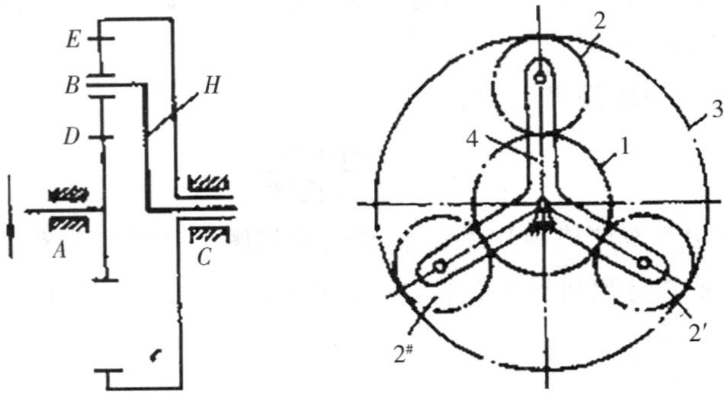

图 2 - 4　行星齿轮机构

1—太阳轮　2—行星轮　3—内齿圈　4—行星架

任务分析

平面机构通俗来讲就是机构的各个构件只能在一个平面内运动。例如，四杆机构就是平面机构。

机构自由度：机构具有确定运动时所必须给定的独立运动参数的数目。

综上所述，平面机构自由度就是只能在一个平面内运动的机构具有确定运动时所必须给定的独立运动参数的数目。

知识准备

2.3.1　平面机构的自由度

各构件的运动平面互相平行的机构为平面机构。对于如图 2 - 5 所示的两个运动平面互相平行的构件 1、2 而言，当构件 1 尚未与构件 2(坐标系 Oxy 固定于构件 2 上)构成运动副时，每个构件有 3 个自由度，共具有 6 个自由度(即分别沿 x 轴及 y 轴的移动，以及绕与运动平面垂直的轴线的转动）。设一平面机构共有 n 个活动构件（因机架固定，不计算在内），则当设此机构的各构件尚未通过运动副连接时，显然它们共有 $3n$ 个自由度。各构件互相连接构成运动副后，就引入了约束减少了自由度。构成一个低副则将引入两个约束，构成一个高副将引入一个约束。各构件间共构成了 p_l 个低副和 p_h 个高副，那么它们将共引入 $(2p_l+p_h)$ 个约束。于是，该机构的自由度应为

$$F=3n-(2p_l+p_h)=3n-2p_l-p_h \tag{2-1}$$

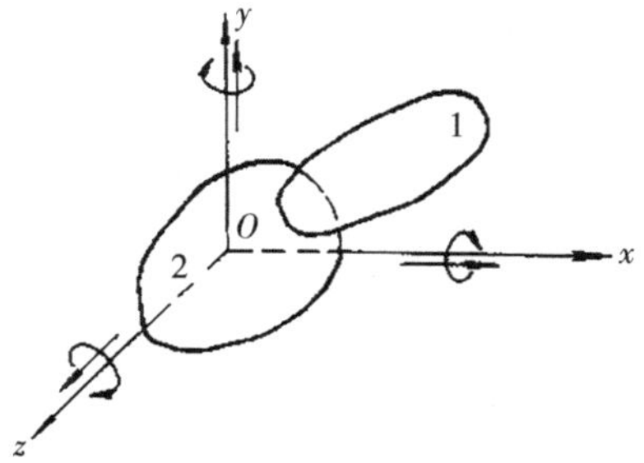

图 2-5　运动副引入的约束

1、2—构件

下面结合具体的例子说明该公式的应用。

例 2-1　试计算如图 2-3 所示的颚式破碎机的自由度。

解：由其机构运动简图不难看出，此机构共有 5 个活动构件（即构件 1、2、3、4、5），7 个低副（即转动副 O、A、B、C、D、E 及 F），而没有高副，故根据式（2-1）可求得其自由度为

$$F=3n-2p_l-p_h=3\times5-2\times7-0=1$$

2.3.2　机构具有确定运动的条件

为了按照一定的要求进行运动的传递及变换，当机构的原动件按给定的运动规律运动时，该机构中的其余构件也应随之运动且运动规律也是确定的，否则机构就不能产生运动或做无规律运动。

在什么条件下才能使机构具有完全确定的运动呢？如前文所述，若机构的自由度为零，则各构件间不可能产生相对运动。这样的构件组合称为桁架，不是机构。因此，机构的自由度必须大于零。

如图 2-6 所示的五杆机构，构件 5 为机架，该机构的自由度为 2。若只给定一个原动件，如构件 1 绕 A 点均匀转动，当构件 1 处于 AB 位置时，构件 2、3、4 可处于不同的位置（图示标出两个位置），即这三个构件的运动并不确定。但若再给定一个原动件，如构件 4 绕 E 点转动，

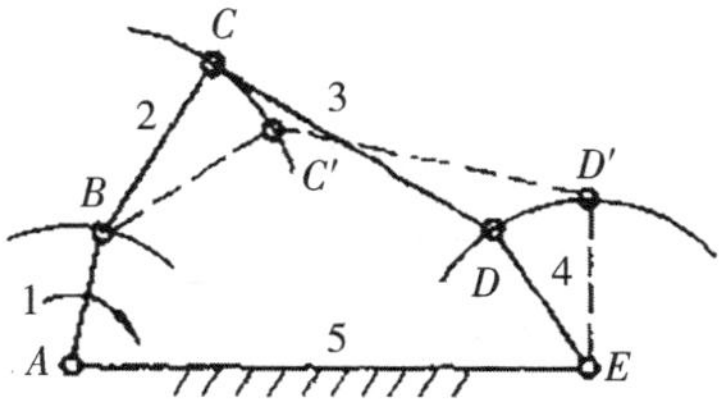

图 2-6　五杆机构

则构件 2、3 的运动就可完全确定。

由以上分析可知，机构具有确定运动的条件是：机构的原动件数目必须等于机构的自由度数。当机构的原动件的数目小于机构的自由度数目时，机构的运动不确定；当机构的原动件数目大于机构的自由度数目时，会导致机构中最薄弱的环节被损坏。

2.3.3 计算机构自由度时应注意的问题

计算平面机构自由度时，应注意以下几种特殊情况。

1. 复合铰链

两个以上的构件在同一处以转动副连接，就构成复合铰链。如图 2-7 (a)所示，三个构件在 A 处构成复合铰链。由图(b)可以看出，此三个构件组成两个转动副。依次类推，由 m 个构件组成的复合铰链应包含$(m-1)$个转动副。在计算机构的自由度时，应注意机构中是否存在复合铰链，以免计算时出现错误。

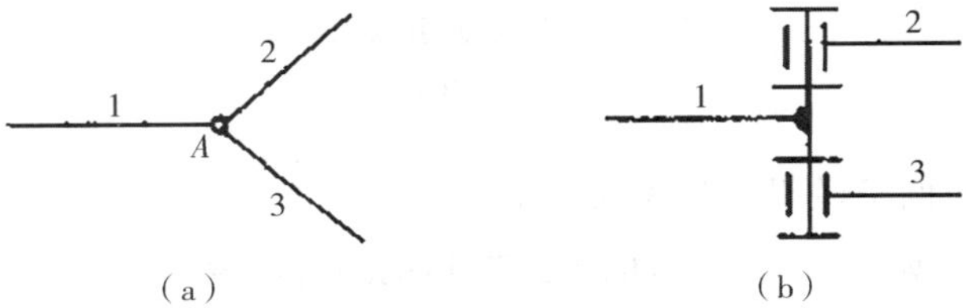

图 2-7 复合铰链

例 2-2 计算图 2-8 所示振动式输送机的自由度。

解：原动件 1 绕 A 轴转动，通过相互铰接的运动构件 2、3、4 带动滑块 5 做往复直线移动。构件 2、3 和 4 在 C 处构成复合铰链。此机构共有 5 个运动构件、6 个转动副、1 个移动副，即 $n=5$、$p_l=7$、$p_h=0$。则该机构的自由度为

$$F=3n-2p_l-p_h=3\times5-2\times7-0=1$$

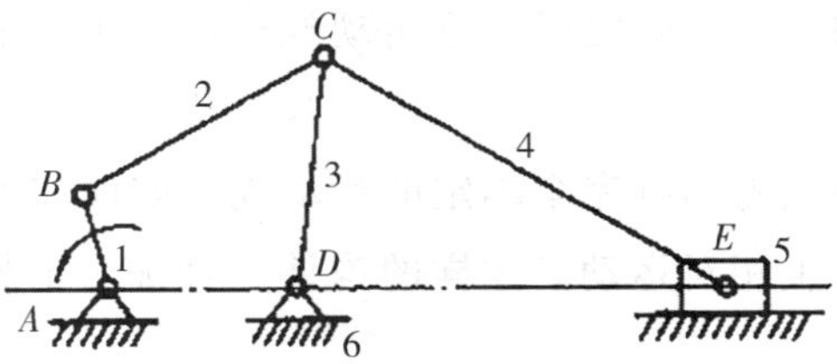

图 2-8 振动式输送机机构

2. 局部自由度

在有些机构中，某个构件所能产生的局部运动并不影响其他构件的运动，把这种不影响整个机构运动的构件局部运动的自由度称为局部自由度。计算机构自由度时应将局部自由度除去。

如图 2-9(a)所示的滚子从动件凸轮机构，当凸轮转动时，通过滚子驱动从动杆 3 做往复移动。若将滚子 4 与从动杆 3 焊在一起，凸轮转动时，从动杆仍做往复移动。可见滚子绕其中心的转动并不影响其他构件的运动，是一个局部自由度。将此局部自由度除去，于是 $n=2$、$p_l=2$、$p_h=1$，可求得 $F=1$。装滚子的目的在于变滑动摩擦为滚动摩擦，以减少高副接触处的磨损。

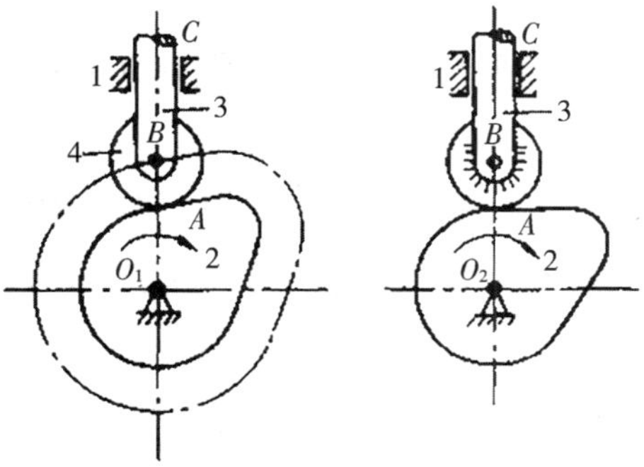

(a)　(b)

图 2-9　局部自由度

3. 虚约束

在机构中，有些运动副带入的约束，对机构的运动实际上起不到约束的作用，这些约束称为虚约束。图 2-10(a)所示的平行四边形机构，其自由度 $F=1$。若在构件 1 和 3 间铰接一个与 AB 平行的构件 5，如图 2-10(b)，对机构的运动并不影响。但当按式(2-1)计算机构的自由度时，出现

$$F=3n-2p_l-p_h=3\times4-2\times6-0=0$$

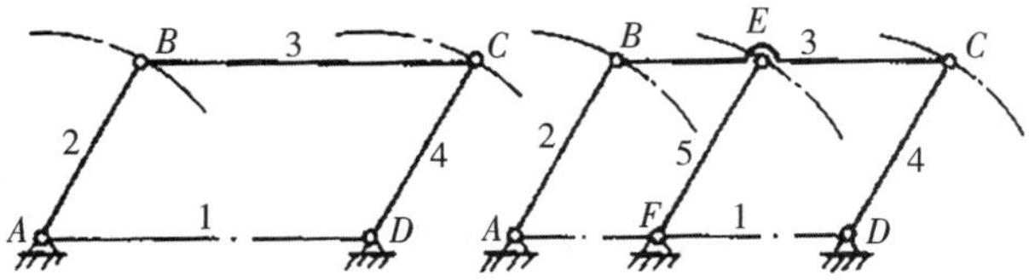

(a)　(b)

图 2-10　平行四边形机构中的虚约束

1—机架　2、4、5—连架杆　3—连杆

显然，计算结果与实际情况不符。这是因为加入的构件 5 与构件 2 长度相等且平行，其运动情况与构件 2 完全相同。虽然多了三个自由度，却因增加了两个转动而引入四个约束。多出的一个约束对机构运动不起限制作用，为虚约束。计算该机构的自由度时，应首先将产生虚约束的构件 5 及运动副全除去。

若 $EF\neq AB$，构件系统自由度为零，产生有效约束，各构件不能相对运动构成桁架。

平面机构中虚约束常见情况和处理方法如下：

(1)若两构件在同一轴线的几处组成转动副，则有效约束只有一处，其他处均为虚约束，如图 2 - 11(a)所示。计算自由度时. 只计入一处转动副。

(2)若两构件在几处接触构成移动副，而各移动副在同一导路或相互平行的导路上，则只有一处引入的约束有效，其余各处均为虚约束，如图 2 - 11(b)所示。计算时只计入一处移动副。

(3)在机构运动的过程中，若两构件两点间的距离始终保持不变，当用构件将此两点相连，则构成虚约束，如图 2 - 11(c)所示。

(4)机构中对传递运动不起独立作用的对称部分，存在虚约束。图 2 - 11(d)所示的行星齿轮传动，行星轮 2 和 2′多了三个自由度，却组成了一个转动副和两个高副，因此引入了一个虚约束。

对于后两种情况，计算自由度时将构成虚约束的构件及其运动副一起除去。

机构中引入虚约束，主要是为了改善机构的受力情况或增加机构的刚度。

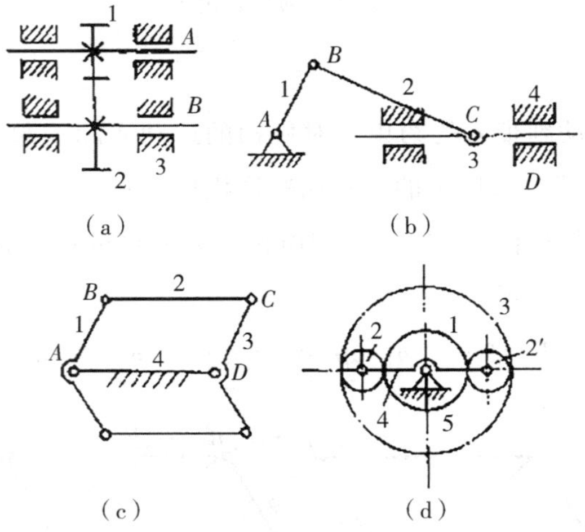

图 2 - 11　几种虚约束

任务小结

解　该机构从受力角度考虑布置三个行星轮，其中有两个对传递运动不起独立作用，引入两个虚约束。因此该机构运动构件数目 $n=4$，低副数 $p_l=4$(转动副 A、B 和复合铰链 C)，高副数 $p_h=2$(齿轮副 D、E)。机构自由度为

$$F=3n-2p_l-p_h=3\times4-2\times4-2=2$$

若内齿圈固定不动，请试计算机构的自由度。

模块总结

本模块分析了机构自由度和运动简图的基本知识和理论。

1. 自由度

构件所具有的独立的相对运动(或可能性)。分析机构的自由度可以判定该机构是否具有确定的运动，验证机构简图绘制是否正确。计算机构的自由度时要注意复合铰链、局部自由度和虚约束三种情况。

2. 机构运动简图

为了便于对机械进行运动分析，用简单线条和符号表达机构中各构件的相对运动关系的简单图形。严格按比例尺绘制的称为机构运动简图，不严格按比例尺绘制的称为机构简图或机构示意图。

模块三　铰链四杆机构

任务一　铰链四杆机构的类型及应用

任务描述

试分析铰链四杆机构的类型及其应用范围。

任务分析

所有构件全部用低副连接而成的平面机构被称为平面连杆机构。按机构中构件数目的多少，可分为二杆机构、四杆机构、五杆机构……

知识准备

由四个构件组成的平面四杆机构不仅应用广泛，还往往是多杆机构的基础。例如，如图 3 - 1 所示的插床机构，可看作由 $ABCD$ 和 DEF 两个四杆机构组成。四杆机构中的运动副都是转动副时，则被称为铰链四杆机构。

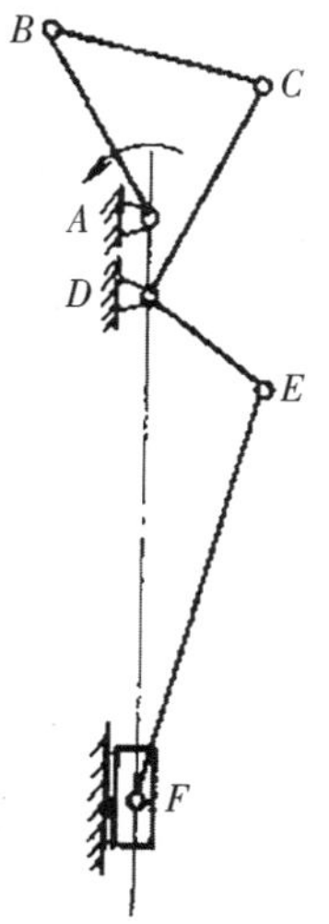

图 3 - 1　插床机构

在连架杆中，能做整周回转的称为曲柄，而只能在某一定角度范围内摇摆的则被称为摇杆。铰链四杆机构根据其两连架杆运动形式的不同，又可分为三种形式：曲柄摇杆机构、双曲柄机构和双摇杆机构。

如图 3 - 2 所示的铰链四杆机构是四杆机构的基本形式。在此机构中，AD 为机架，AB、CD 两杆与机架相连被称为连架杆，而 BC 杆被称为连杆。

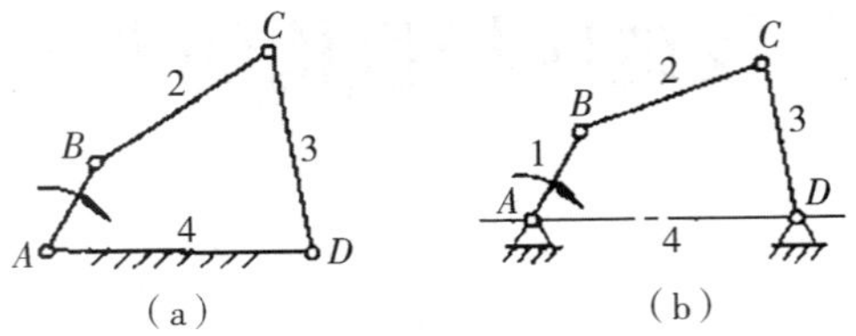

图 3 - 2　铰链四杆机构

3.1.1　曲柄摇杆机构

在铰链四杆机构中，若其两个连架杆中一个为曲柄、一个为摇杆，则此四杆机构为曲柄摇杆机构。在这种机构中，当曲柄为原动件(主动件)时，可将连续转动转变成往复摆动；当摇杆为原动件时，可将往复摆动转变为连续转动。

此种机构应用广泛，如图 3 - 3 所示的雷达天线俯仰机构和如图 3 - 4 所示的缝纫机踏板机构等均是曲柄摇杆机构的应用实例。

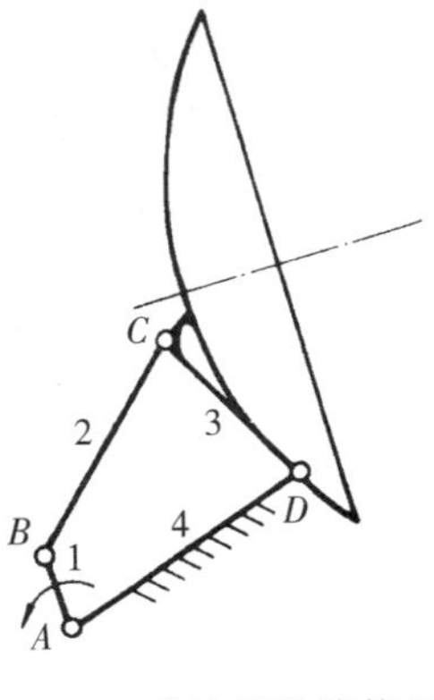

图 3 - 3　雷达天线俯仰机构

1—曲柄　3—连杆　3—摇杆　4—机架

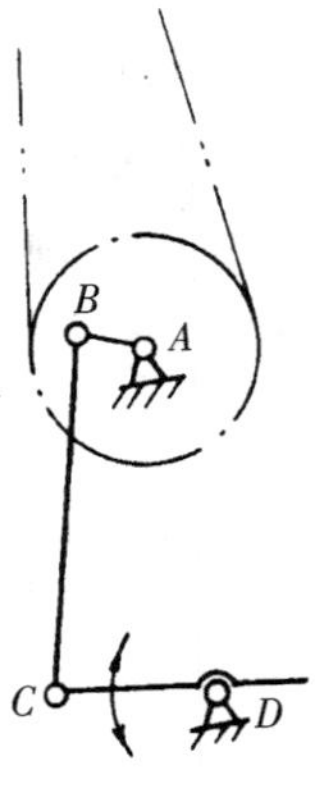

图 3 - 4　缝纫机踏板机构

3.1.2　双曲柄机构

在铰链四杆机构中，若两个连架杆都是曲柄，则称其为双曲柄机构。这种机构的运动特点是当主动曲柄连续转动时，从动曲柄也能做连续转动。如图 3 - 5 所示惯性筛的四杆机构 $ABCD$ 便是双曲柄机构。

此机构中，当主动曲柄 AB 等速转动时，从动曲柄 CD 做变速转动，从而使筛子 6 具有较大变化的加速度，被筛的物料颗粒则将因惯性作用而被筛分。

在双曲柄机构中，若其相对两杆平行且相等(如图 3 - 6 所示)时，则被称为平行四边形机构。这种机构的运动特点是其两曲柄可以相同的角速度同向转动，而连杆做平移运动。如图 3 - 7 所示的机车车轮联动机构及如图 3 - 8 所示的摄影平台升降机构即其应用实例。

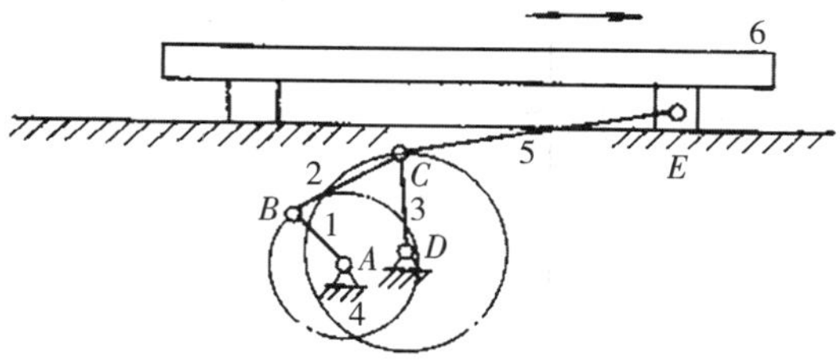

图 3 - 5　惯性筛

1—原动曲柄　2、5—连杆

3—从动曲柄　4—机架　6—筛子

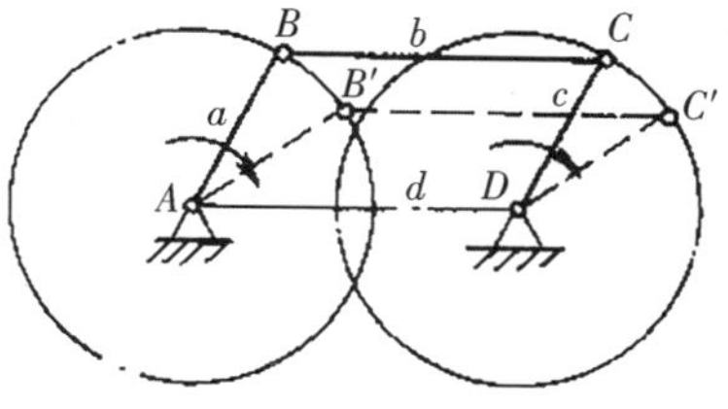

图 3 - 6　平行四边形机构

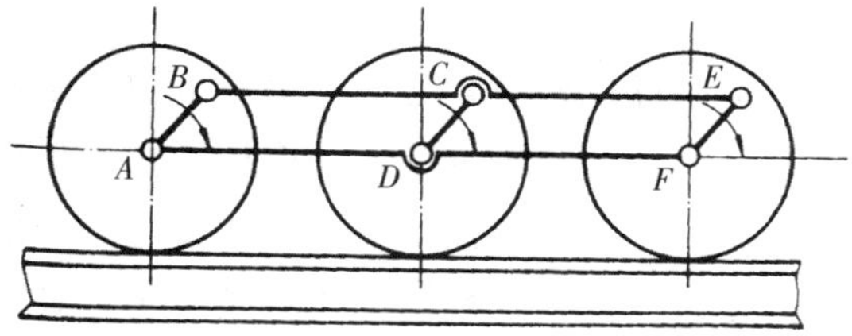

图 3 - 7　机车车轮联动机构

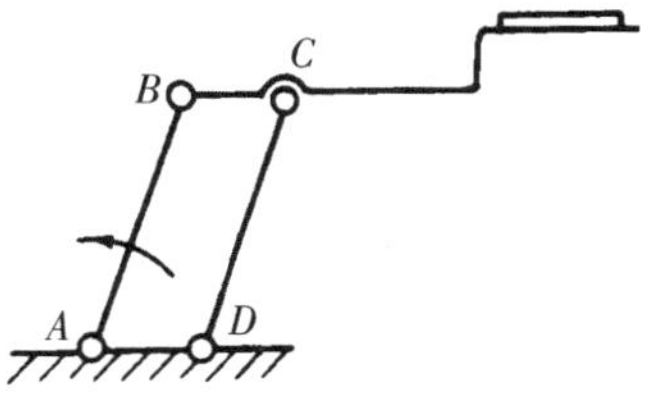

图 3 - 8　摄影平台升降机构

对于如图 3 - 6 所示的平行四边形机构在运动过程中，当两曲柄与连杆共线时，在主动曲柄转向不变的条件下，从动曲柄会出现转动方向不确定的现象。为了避免出现这种现象，常用增加回转构件质量的办法以产生较大的惯性，使从动曲柄转向不变。或者采用增加平行构件的方法(如图 3 - 7 所示)，以保持从动曲柄的转向不变。

3.1.3　双摇杆机构

若铰链四杆机构中两连架杆都是摇杆，则称为双摇杆机构。如图 3 - 9 所示为双摇杆机构在鹤式起重机中的应用。当摇杆 AB 摆动时，另一摇杆 CD 随之摆动，使得悬挂在 E 点上的重物在近似的水平直线上运动，避免重物平移时因不必要的升降而消耗能量。

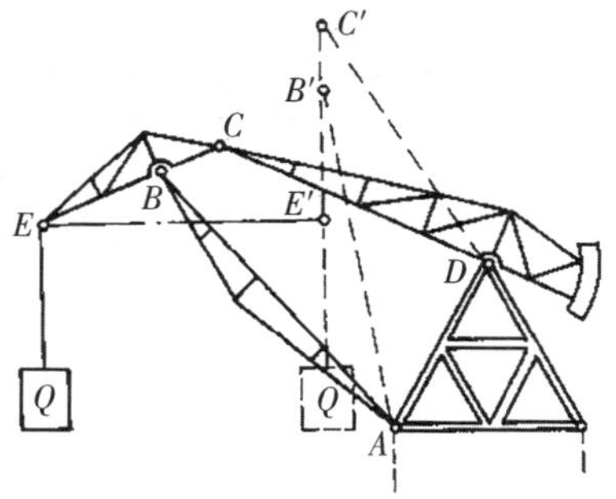

图 3 - 9　鹤式起重机中的双摇杆机构

在双摇杆机构中，若两摇杆长度相等，则形成等腰梯形机构。如图 3 - 10 所示为汽车前轮的转向机构，即其应用实例。

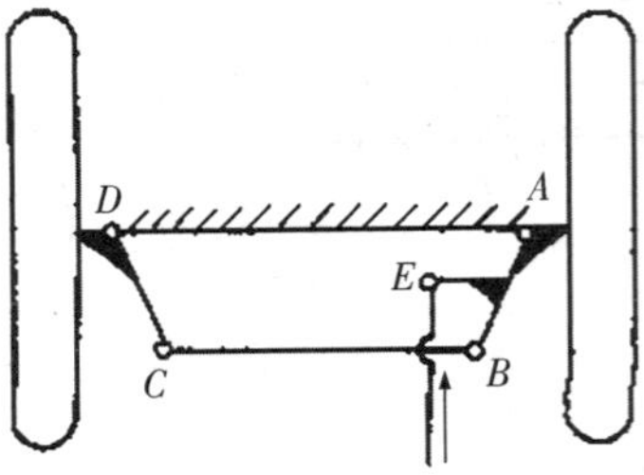

图 3 - 10　汽车前轮的转向机构

任务小结

所有运动副均为转动副的四杆机构称为铰链四杆机构，它是平面四杆机构的基本形式，其他四杆机构都可以看作在它的基础上演化而来的。选定其中一个构件作为机架之后，直接与机架连接的构件被称为连架杆，不直接与机架连接的构件被称为连杆，能够做整周回转的构件被称为曲柄，只能在某一角度范围内往复摆动的构件被称为摇杆。如果以转动副连接的两个构件可以做整周相对转动，则称之为整转副，反之称之为摆转副。铰链四杆机构中，按照连架杆是否可以做整周转动，可以将其分为三种基本形式，即曲柄摇杆机构、双曲柄机构和双摇杆机构。

曲柄摇杆机构：两连架杆中一个为曲柄、一个为摇杆的铰链四杆机构。

双曲柄机构：具有两个曲柄的铰链四杆机构被称为双曲柄机构。其特点是当主动曲柄连续等速转动时，从动曲柄一般做不等速转动。在双曲柄机构中，如果两对边构件长度相等且平行，则为平行四边形机构。这种机构的传动特点是主动曲柄和从动曲柄均以相同的角速度转动，而连杆做平动。

双摇杆机构：双摇杆机构是两连架杆均为摇杆的铰链四杆机构。

任务二　铰链四杆机构有曲柄的条件

任务描述

试分析图 3 - 11 铰链四杆机构中存在曲柄的条件。

任务分析

1. 四杆机构判定方法

杆长之和条件：最短杆与最长杆之和小于或等于其余两杆长度之和。

2. 满足杆长之和条件

(1)最短杆为机架——双曲柄机构；

(2)最短杆的相邻杆为机架——曲柄摇杆机构；

(3)最短杆的相对杆为机架——双摇杆机构。

3. 不满足杆长之和条件

无论以哪个杆做机架，均为双摇杆机构 。

知识准备

在铰链四杆机构中，有的连架杆能做整周回转而被称为曲柄，有的则不能。下面分析铰链四杆机构中存在曲柄的条件。

在图 3 - 11 所示的铰链四杆机构中，设分别以 a、b、c、d 表示机构中各构件的长度，且设 $a<d$。如果构件 AB 为曲柄，则 AB 能绕轴 A 相对机架做整周转动。因此，构件 AB 能占据与构件 AD 拉直共线和重叠共线的两个位置 AB' 及 AB''。由图 3 - 11 可见，为了使构件 AB 能够转至位置 AB'，显然各构件的长度关系应满足

$$a+d\leqslant b+c \tag{3 - 1}$$

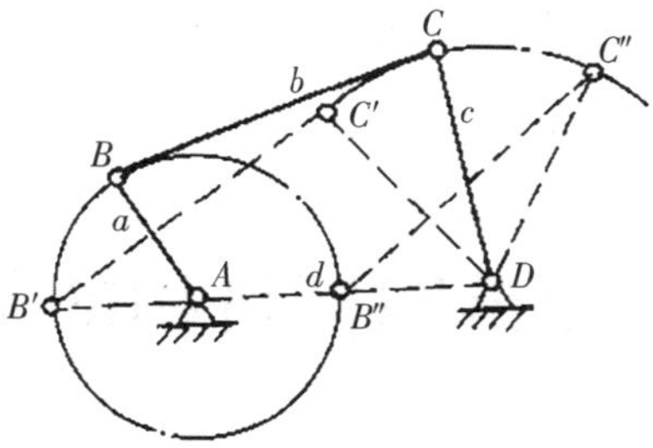

图 3 - 11　铰链四杆机构

为了使构件 AB 能够转至位置 AB''，各构件的长度关系应满足

$$b\leqslant(d-a)+c$$

或

$$c\leqslant(d-a)+b$$

即

$$a+b\leqslant d+c \tag{3 - 2}$$

或

$$a+c\leqslant d+b \tag{3 - 3}$$

将式(3 - 1)、(3 - 2)、(3 - 3)分别两两相加，则得

$$a\leqslant c \tag{3 - 4}$$

$$a \leqslant b \tag{3-5}$$

$$a \leqslant d \tag{3-6}$$

同理，当设 $a > d$ 时，亦可得出

$$d + a \leqslant b + c \tag{3-7}$$

$$d + b \leqslant a + b \tag{3-8}$$

$$d + c \leqslant a + b \tag{3-9}$$

及

$$d \leqslant c \tag{3-10}$$

$$d \leqslant b \tag{3-11}$$

$$d \leqslant a \tag{3-12}$$

分析以上诸式，即可得出铰链四杆机构有曲柄的条件为：

(1)连架杆和机架中必有一杆是最短杆。

(2)最短杆与最长杆长度之和不大于其他两杆长度之和。

上述两个条件必须同时满足，否则机构中便不可能存在曲柄，而只能是双摇杆机构。

任务小结

通常可用以下方法来判别铰链四杆机构的基本类型：

(1)若机构满足杆长之和条件，则：

① 以最短杆为机架时，可得双曲柄机构。

② 以最短杆的邻边为机架时，可得曲柄摇杆机构。

③ 以最短杆的对边为机架时，可得双摇杆机构。

(2)若机构不满足杆长之和条件则只能是双摇杆机构。

任务三　铰链四杆机构的基本特性

任务描述

分析铰链四杆机构的基本特征有哪些。

任务分析

所有运动副均为转动副的四杆机构被称为铰链四杆机构，它是平面四杆机构的基本形式，其他四杆机构都可以看作在它的基础上演化而来的。选定其中一个构件作为机架之后，直接与机架链接的构件被称为连架杆，不直接与机架连接的构件被称为连杆，能

够做整周回转的构件被称为曲柄，只能在某一角度范围内往复摆动的构件被称为摇杆。如果以转动副连接的两个构件可以做整周相对转动，则称之为整转副，反之称之为摆转副。铰链四杆机构中，按照连架杆是否可以做整周转动，可以将其分为三种基本形式，即曲柄摇杆机构，双曲柄机构和双摇杆机构。

知识准备

3.3.1　急回特性

在图 3 - 12 所示的曲柄摇杆机构中，当曲柄 AB 与连杆 BC 两次共线时，摇杆 CD 对应处于两个极限位置 C_1D 与 C_2D。C_1D 与 C_2D 所夹的锐角称为摇杆的摆角，记为 ψ。

当曲柄 AB(如图 3 - 12)以 ω 从 AB_1 匀速转过 φ_1 时，摇杆从 C_1D 摆至 C_2D，为工作行程，所用时间设为 t_1，当曲柄以 ω 从 AB_2 继续转过 φ_2 到 AB_1 时，摇杆又从 C_2D 摆回 C_1D，为空行程，所用时间设为 t_2。由于曲柄是匀速转动，$\varphi_1>\varphi_2$，即 $t_1>t_2$，所以空回行程中摇杆摆动的平均速度 $v_1=\dfrac{C_1C_2}{t_1}$大于工作行程时的平均速度 $v_2=\dfrac{C_1C_2}{t_2}$。这种当主动件等速旋转，做往复运动从动件在空回行程中的平均速度大于工作行程平均速度的特性称为急回特性。图 3 - 12 中输出构件摇杆处于两极限位置时，输入构件曲柄对应两位置间所夹的锐角称为极位夹角，记为 θ。令

$$K=\frac{v_2}{v_1}=\frac{C_1C_2/t_2}{C_1C_2/t_1}=\frac{t_1}{t_2}=\frac{\varphi_1}{\varphi_2}=\frac{180°+\theta}{180°-\theta}$$

即

$$K=\frac{180°+\theta}{180°-\theta} \tag{3 - 13}$$

式中 K 称为急回机构的行程速度变化系数。

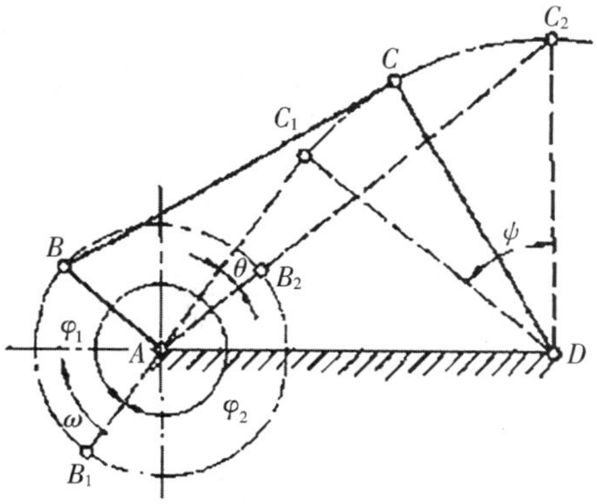

图 3 - 12　急回特性

在式(3 - 13)中，若 $\theta=0$，则 $K=1$，说明机构没有急回特性。若 $\theta\neq0$，则 $K>1$，

说明机构有急回特性。K 值越大，机构的急回特性越显著。在设计时，通常要求预选 K 值再求 θ，因此(3 - 13)式改为

$$\theta=180°\times\frac{K-1}{K+1} \tag{3 - 14}$$

由上面分析可知：平面四杆机构的急回特性取决于其极位夹角 θ 的值。图 3 - 13 所示为牛头刨床上的曲柄摆动导杆机构，$\theta>0$，$K>1$，机构具有急回特性。

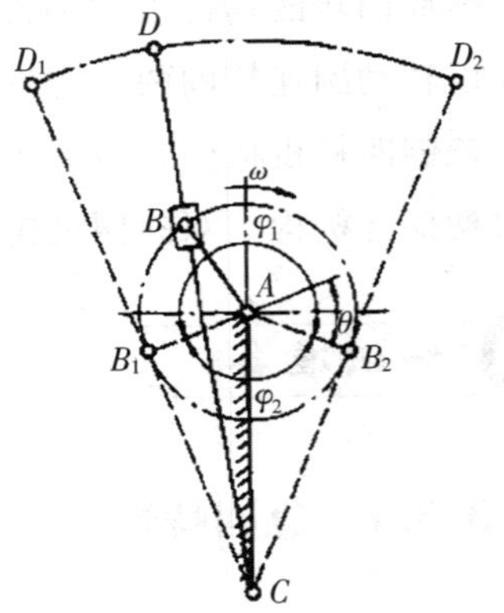

图 3 - 13　曲柄摆动导杆机构

四杆机构的这种急回作用，在各种机器中可以用来节省空回行程的时间，以节省动力和提高生产率。例如，在牛头刨床中采用导杆机构就有这种目的。

3.3.2　压力角与传动角

如图 3 - 14 所示的四杆机构中，通过分析从动件 CD 上 C 点的受力，可知由主动件经过连杆 BC(为二力杆)传递到从动件 CD 上点 C 的力 F 如图 3 - 14 所示(不计摩擦)。将 F 分解为沿点 C 速度方向的分力 F_t，及沿 CD 方向的分力 F_n。其中 F_n 只能使铰链 C、D 产生径向压力，而 F_t 才是从动件 CD 运动的有效分力。由图 3 - 14 可知，$F_t=F\cos\alpha=F\sin\gamma$，式中 α 是作用于点 C 的力 F 与速度方向之间所夹的锐角，即机构在此位置的压力角。而 $\gamma=90°-\alpha$ 是压力角的余角(即连杆 BC 与从动杆 CD 所夹的锐角)，即机构在此位置的传动角。由上式可见，γ 角越大，则有效分力 F_t 越大，而 F_n 越小，因此对机构的传动越有利。因此，在连杆机构中常用其传动角的大小及变化情况来表示机构的传力性能。

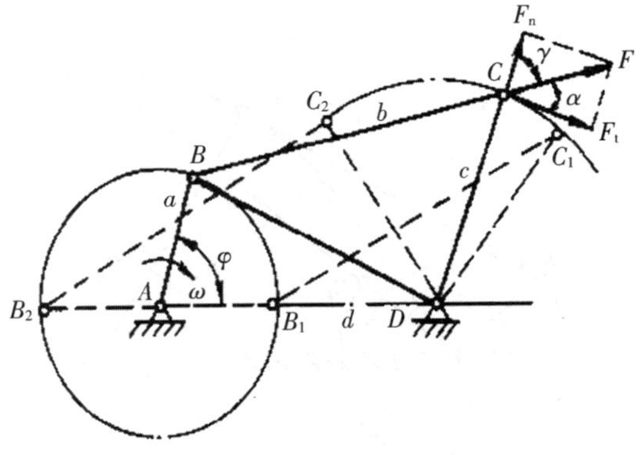

图 3 - 14　四杆机构

在机构的运动过程中，其传动角 γ 的大小是变化的。为了保证机构传动良好，设计时通常应使 $\gamma_{min}\geqslant40°$；在传递力矩较大时，则应使 $\gamma_{min}\geqslant50°$。对于一些具有短暂高峰载

荷的机器，可以让连杆机构在其传动角比较大的位置进行工作以节省动力。例如，在如图 3 - 15 所示的冲床中，使冲头(即滑块)在接近于下极限点位置时开始冲压较为有利，此时冲床不仅具有较大的机械利益，而且传动角 γ 也较大，故可省力。

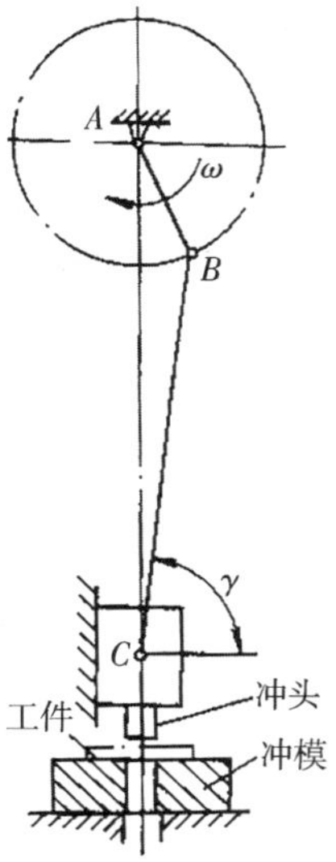

图 3 - 15　冲床机构

3.3.3　死　点

在图 3 - 16 所示的曲柄摇杆机构中，设摇杆 CD 为主动件，则当机构处于图示的两个虚线位置之一时，连杆与曲柄在一条直线上(即两者夹角 $\delta=180^\circ$)，出现传动角 $\gamma=0^\circ$ 的情况。这时主动件 CD 通过连杆作用于从动件 AB 上的力恰好通过其回转中心，所以不能使构件 AB 转动而出现"顶死"现象。机构的此种位置称为死点。

由上述可知，铰链四杆机构中是否存在死点位置，取决于从动件是否与连杆共线。为了避免机构在死点位置出现卡死或运动不确定现象，可以对从动件施加外力，或利用飞轮的惯性带动从动件通过死点。图 3 - 17 所示缝纫机踏板机构，就是借助安装在主轴上的皮带轮(相当于飞轮)的惯性，使机构顺利通过死点位置。工程上有的则采用多套同样机构错位排列使各套机构的死点位置相互错开，靠位置差通过死点位置。

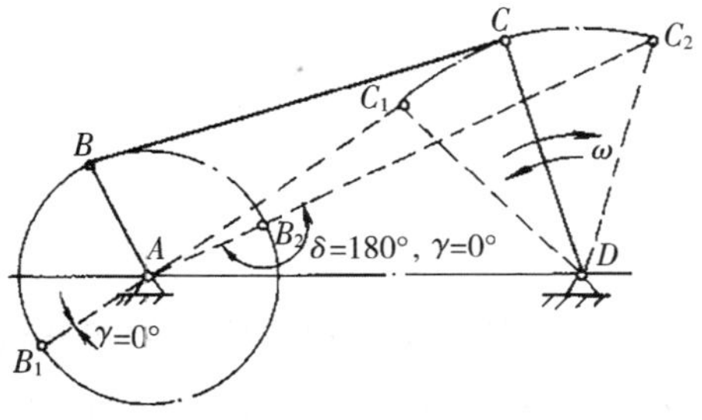

图 3 - 16　曲柄摇杆机构的特点

图 3 - 17　缝纫机踏板机构

对传动机构来说，死点位置是有害的，应设法消除其影响。但工程上也有利用死点位置的性质来进行工作的。如图 3-18 所示的快速夹具，当工件 5 被夹紧后，若反力 R 反推工件，因 BCD 成一直线，机构处于死点位置，在去掉外力 F 后仍可夹紧工件而不自动松脱。只有向上扳动手柄 3 方可松开夹具。

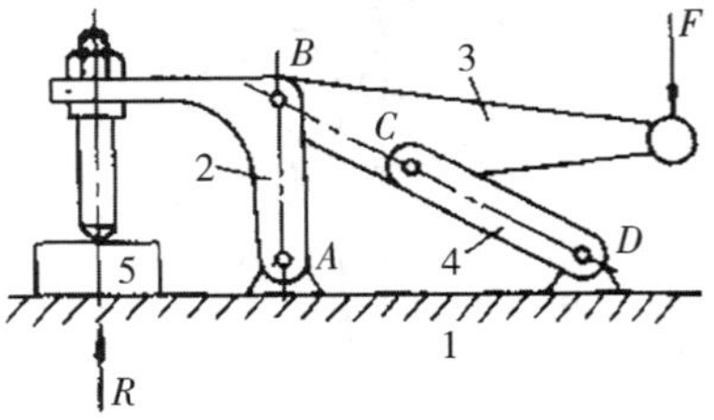

图 3-18　快速夹具

任务小结

铰链四杆机构可以通过以下方法演化成衍生平面四杆机构。

(1)转动副演化成移动副，如引进滑块等构件。以这种方式构成的平面四杆机构有曲柄滑块机构、正弦机构等。

(2)选取不同构件作为机架。以这种方式构成的平面四杆机构有转动导杆机构、摆动导杆机构、移动导杆机构、曲柄摇块机构、正切机构等。

(3)变换构件的形态。

(4)扩大转动副的尺寸，演化成偏心轮机构。

任务四　铰链四杆机构的演化与设计

任务描述

分析铰链四杆机构的演化形式。

任务分析

在实际应用的机器中，广泛采用着其他多种形式的四杆机构。这些形式的四杆机构，可认为是通过改变某些构件的形状、改变构件的相对长度、改变某些运动副的尺寸、选择不同的构件作为机架等方法，由四杆机构的基本形式演化而成的。

铰链四杆机构的演化，不仅是为了满足运动方面的要求，还往往是为了改善受力状况以及满足结构设计上的需要等。各种演化机构的外形虽然各不相同，但是它们的运动性质以及分析和设计方法却常常是相同或类似的，这就为连杆机构的研究提供了方便。

知识准备

3.4.1　铰链四杆机构的演化形式

1. 曲柄滑块机构

在如图 3 - 19(a)所示的曲柄摇杆机构中，当曲柄 1 绕轴 A 回转时，铰链 C 将沿圆弧 BB 往复运动。例如图 3 - 19(b)所示，设将摇杆 3 做成滑块形式，并使其沿圆弧导轨 BB 往复运动，显然其运动性质并未发生改变。但此时铰链四杆机构已演化为曲线导轨的曲柄滑块机构。

又如在图 3 - 19(a)所示的铰链四杆机构中。设将摇杆 3 的长度增至无穷大，则铰链 C 运动的轨迹 BB 将变为直线，而与之相应的图 3 - 19(b)中的曲线导轨将变为直线导轨，于是铰链四杆机构将演化成为常见的曲柄滑块机构，如图 3 - 20 所示。其中图 3 - 20(a)所示的为具有一偏距 e 的偏置曲柄滑块机构，而图 3 - 20(b)所示的为没有偏距的对心曲柄滑块机构。

曲柄滑块机构在冲床、内燃机、空气压缩机等各种机械中得到了广泛的应用。

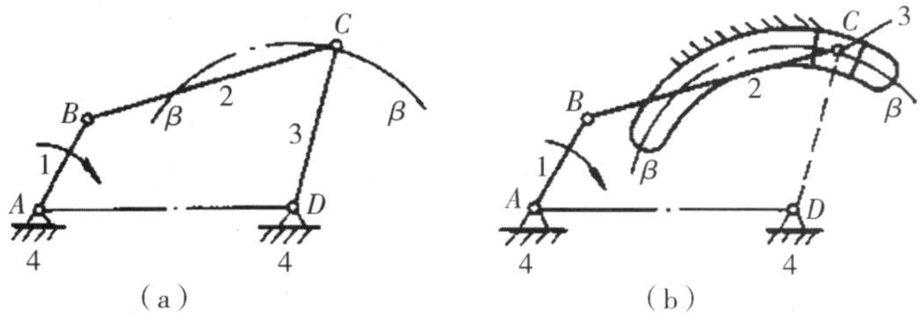

图 3 - 19　铰链四杆机构的演化

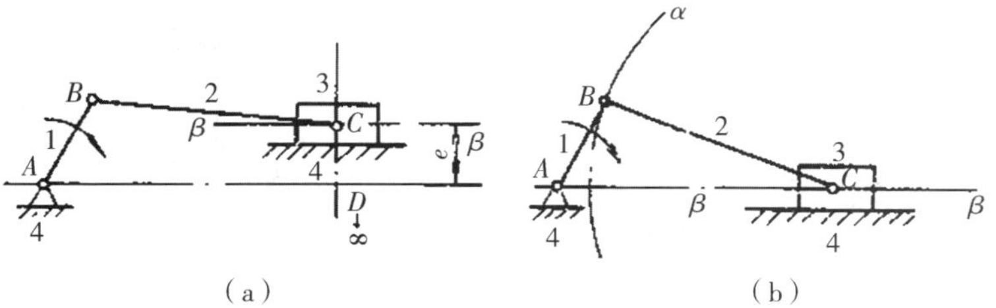

图 3 - 20　曲柄滑块机构

2. 导杆机构

改变曲柄滑块机构中的固定件可得到导杆机构。在图 3 - 21(a)所示的曲柄滑块机构中，若改取杆 1 为固定件，即可得到如图 3 - 21(b)所示的导杆机构，杆 4 称为导杆，滑块 3 相对导杆滑动并一起绕 A 点转动。通常取杆 2 作为原动件。当 $l_{AB}<l_{BC}$时，杆 2 和杆 4 均可做整周回转，称为曲柄转动导杆机构，或转动导杆机构，如图 3 - 21(b)所示；当 $l_{AB}>l_{BC}$时，杆 4 只能往复摆动，称为曲柄摆动导杆机构，或摆动导杆机构，如图 3 - 22 所示。此机构常用于牛头刨床和摇床以及回转式油泵中。

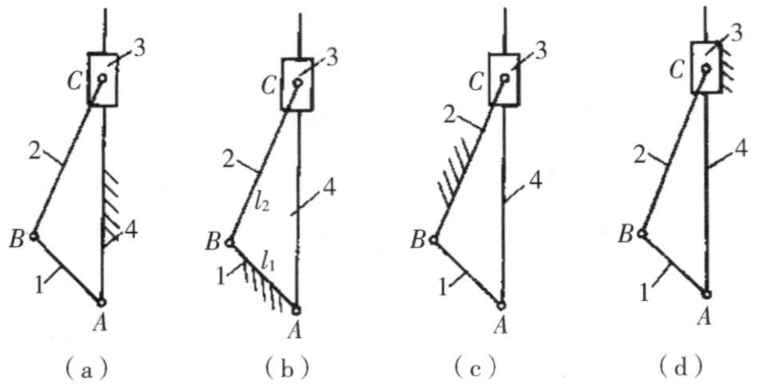

图 3 - 21　曲柄滑块机构的演化

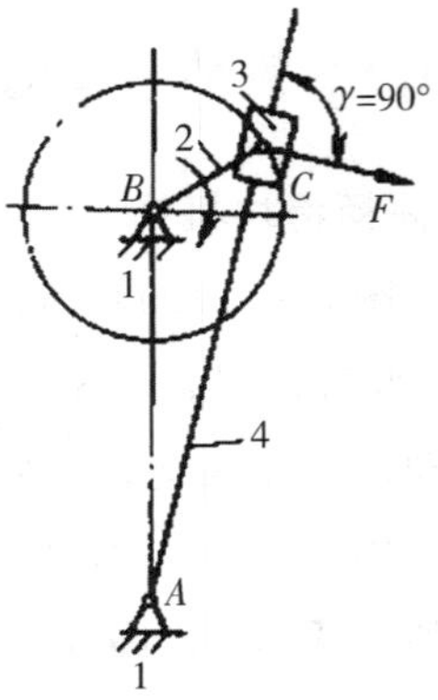

图 3 - 22　摆动导杆机构

3. 摇块机构和定块机构

在图 3 - 21(a)所示的曲柄滑块机构中，取杆 2 为固定件，即可得到摆动滑块机构，或称为摇块机构，如图 3 - 21(c)所示。这种机构广泛应用于摆缸式内燃机和液压驱动装置中。例如，如图 3 - 23 所示的卡车车厢自动翻斗机构中，当油缸 3 中的压力油推动活塞杆 4 运动时，车厢 1 便绕回转副 B 转动，当达到一定角度时，物料就会自动卸下。

在图 3 - 21(a)所示曲柄滑块机构中，取杆 3 为固定件，即可得到图 3 - 21(d)所示的固定滑块机或称为定块机构。这种机构常用于手动抽水机构(图 3 - 24)和抽油泵中。

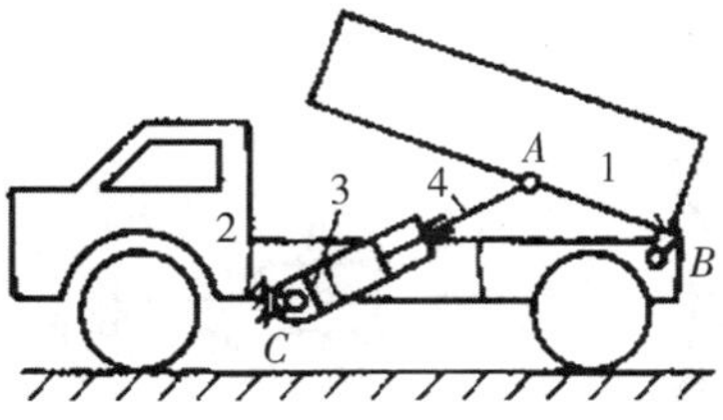

图 3 - 23　卡车车厢自动翻斗机构

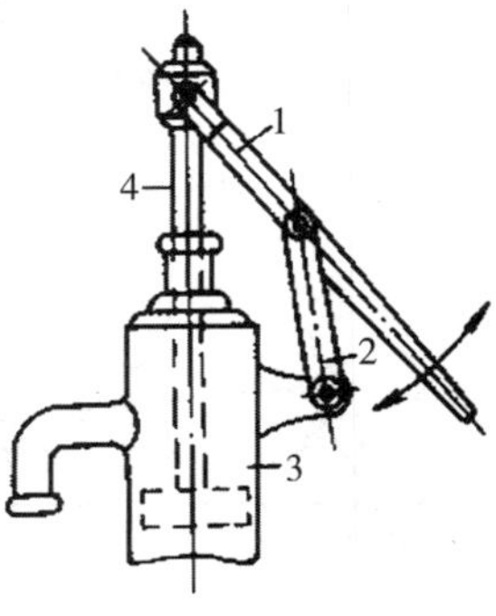

图 3 - 24　手动抽水机构

4. 双滑块机构

双滑块机构是具有两个移动副的四杆机构，将铰链四杆机构中的两杆长度趋于无穷大即可演化成双滑块机构。

根据两个移动副所处位置的不同，双滑块机构分成四种形式。两个移动副不相邻，如图 3－25(a)所示，这种机构的从动件 3 的位移与原动件转角的正切成正比，故称为正切机构；两个移动副相邻，且其中一个移动副与机架相固联，如图 3－25(b)所示；机构从动件 3 的位移与原动件转角的正弦成正比，故称为正弦机构；两个移动副相邻，且均不与机架相固联，如图 3－25(c)所示，机构的主动件 1 与从动件 3 具有相等的角速度。滑块联轴器就是此种机构的应用实例，如图 3－25(d)所示；两个移动副都不与机架相固联，椭圆仪就是利用这种机构，如图 3－25(e)所示，当滑块 1 和 3 沿机架的十字槽滑动时，连杆 2 上各点便绘出不同长短径的椭圆。

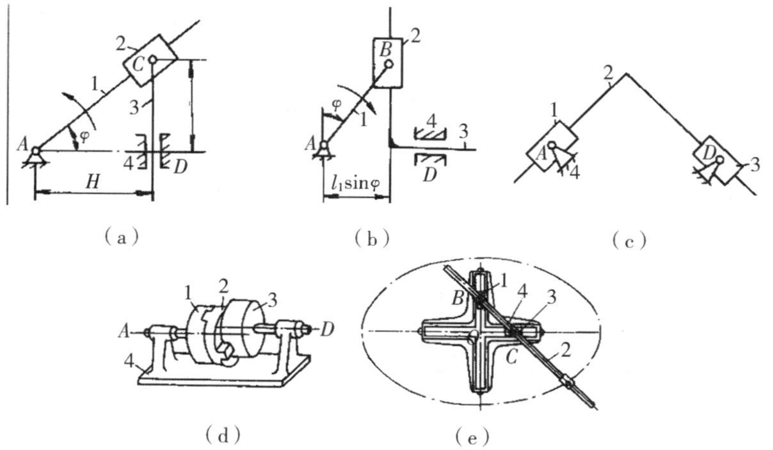

图 3－25　双滑块机构

5. 偏心轮机构

在图 3－26(a)所示的曲柄滑块机构中，当曲柄 AB 的尺寸较小时，由于机构和强度的需要常将曲柄改作如图 3－26(b)所示的一个几何中心不与其回转中心相重合的圆盘，此圆盘称为偏心轮，回转中心与几何中心之间的距离称为偏心距(等于曲柄长)，这种机构则称为偏心轮机构。偏心轮机构则可以认为是将如图 3－26(a)所示的曲柄滑块机构中的转动副 B 的半径扩大，使之越过曲柄的长度演化而成。显然，偏心轮机构与图 3－26(a)所示的曲柄滑块机构的运动特性完全相同。这种机构广泛应用于传力较大的剪床和冲床以及内燃机等机械中。

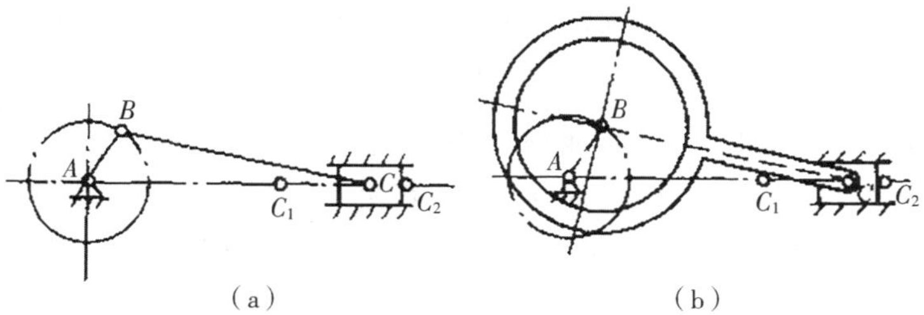

图 3－26　偏心轮机构

综上所述，这些常见机构可以认为是通过移动副代替转动副、变更构件长度、选择不同的构件为机架和扩大转动副等途径，由铰链四杆机构的基本形式演化而成的。因此，铰链四杆机构的所有性质对这些机构都适用，我们通常以铰链四杆机构为例来介绍平面机构的特性及设计等。

3.4.2 平面四杆机构的设计

平面四杆机构设计的基本内容：首先，根据工作要求选择机构的类型；其次，根据给定的运动条件和其他附加要求(如最小传动角 γ_{min} 等)确定机构的几何尺寸，并绘出机构运动简图；最后，对机构进行结构设计，确定其中所有零件的结构及尺寸，并做必要的强度计算。

设计机构的方法有解析法、图解法和实验法。解析法精度高，但解题方程的建立和求解有时不易；图解法直观、易理解，但精度较低；实验法简易，但常需试凑，费时较多，精度亦不太高。设计时采用哪种方法，主要取决于所给定的条件和机构的实际工作要求。

在此，只介绍形象简明的图解法。利用图解法设计平面四杆机构，主要是按给定的行程速比系数 k 或按给定的连杆位置确定机构运动简图的参数。

1. 按给定行程速比系数 K 设计四杆机构

(1)曲柄摇杆机构

已知：摇杆长度 $CD(l_3)$，摆角 ψ，行程速比系数 K。

要求：设计曲柄摇杆机构 $ABCD$。

设计思路：本题已知 CD 长度，需要确定 $AB(l_1)$、$BC(l_2)$、$AD(l_4)$的长度。根据给定的已知条件不难分析出，设计的实质就是确定铰链 A 的位置，只要 A 的位置确定，即可定出 l_1、l_2、l_4 的长度。如何运用几何作图法确定出 A 点的位置。方法有许多种.在此我们只介绍一种。

设计步骤：

① 按给定行程速比系数 K，据式(3 - 14)求出极位夹角 θ：

$$\theta = \frac{K-1}{K+1} \cdot 180^\circ$$

② 适当选择比例尺 μ_L，任选固定铰链中心 D 的位置，由摇杆长度 l_3 和摆角 ψ 作出摇杆的两极限位置 C_1D 和 C_2D，如图 3 - 27 所示。

③ 连接 C_1 和 C_2 点，作 C_1C_2 的垂线 C_1M。

④ 作$\angle C_1C_2N=90^\circ-\theta$，则 C_2N 与 C_1M 相交 P 点，由图 3 - 27 知：$\angle C_1PC_2=\theta$。

⑤ 作$\triangle PC_1C_2$ 的外接圆，在此圆周上(C_1、C_2 与 E、F 除外)任意一点都可作为曲柄的固定铰链点 A，现任取一点(见图 3 - 27)。连接 AC_1 与 AC_2，因圆弧上圆周角相等，故$\angle C_1AC_2=\angle C_1PC_2=\theta$，且 $AD(l_4)$确定。

⑥ 由于极限位置处曲柄与连杆共线，所以 $AC_1=l_2-l_1$，$AC_2=l_2+l_1$，联立两式可解的曲柄长度 $l_1=\dfrac{AC_2-AC_1}{2}$。再以 A 为圆心，l_1 为半径画圆，交 C_1A 的延长线于 B_1 点，交 C_2A 于 B_2 点，由图 3-27 知，$B_1C_1=B_2C_2=l_2$。

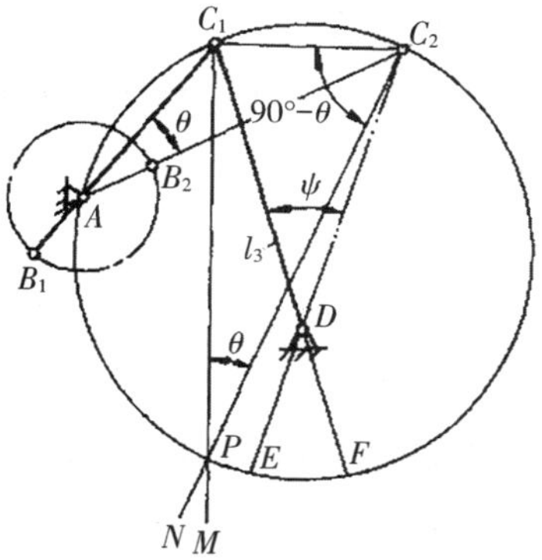

图 3-27　按 K 值设计曲柄摇杆机构

由于 A 点的任意性，使得按行程速比系数 K 设计曲柄摇杆机构时，可得到无穷多组解。但 A 点位置不同，机构传动角的大小也不同。为此可按最小传动角或其他辅助条件确定 A 点的位置，以便使机构获得较好的传动性能。

(2)导杆机构

已知：机架 AD 的长度 l_4，行程速比系数 K。

要求：设计导杆机构 ABC。

设计步骤：

① 由给定的行程速比系数 K，根据式(3-14)求出极位夹角 θ。

$$\theta=\frac{K-1}{K+1}\cdot 180°$$

由图 3-28 可证明：导杆的摆角 ψ 等于导杆的极位夹角，即 $\psi=\theta$，从而可知摆角 ψ。

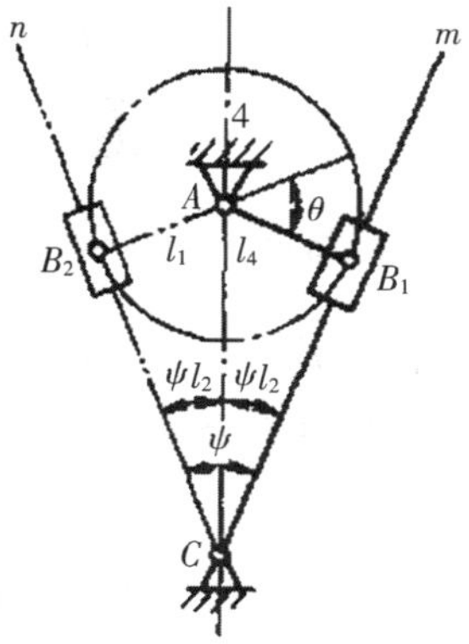

图 3-28　按 K 值设计导杆机构

② 适当选择比例尺 μ_L，任选固定铰链中心 C，根据摆角 ψ 作出导杆的两极限位置 Cm 和 Cn。

③ 作摆角 ψ 的角平分线 AC，并在线上取 $AC=l_4$，得到固定铰链 A 的位置。

④ 过 A 点做导杆极限位置的垂线 AB_1（或 AB_2），得曲柄长度 $AB_1(l_1)$。

2. 按给定连杆预定位置设计四杆机构

已知：连杆上运动铰链 B、C 的位置，即连杆 BC 的长度，且已知连杆在运动过程中预定占据的两个位置 B_1C_1 和 B_2C_2。

要求：设计铰链四杆机构 $ABCD$。

设计思路：由于连杆 BC 长度已知，故设计的任务就是确定连架杆 AB、CD 与机架 AD 的长度。由于连杆上铰链 B、C 的位置已定，因此，设计的实质就是确定固定铰链 A 和 D。由于连杆上与连架杆的铰接点的运动轨迹（即运动铰链 B、C 的运动轨迹）是圆或一段圆弧，为此，该圆的圆心即固定铰链 A 和 D 的位置。该设计实际上就是过两个已知点作圆并找圆心的几何问题。

设计步骤：

① 选择比例尺 μ_L，按给定连杆长度即预定位置画出连杆两位置。

② 顺次连接 B_1B_2、C_1C_2，并分别作两线的垂直平分线，则两垂线上任意一点即分别为铰链 A、D。

③ 连接任一位置，如 AB_1C_1D，则得到所要求设计的机构，如图 3 - 29 所示。其中 $AB=\overline{AB_1}\times\mu_L$，$AD=\overline{AD}\times\mu_L$，$CD=\overline{CD_1}\times\mu_L$，式中 $\overline{AB_1}$、$\overline{AD}$、$\overline{CD_1}$ 分别代表杆件 AB、AD、CD 在图上的长度。

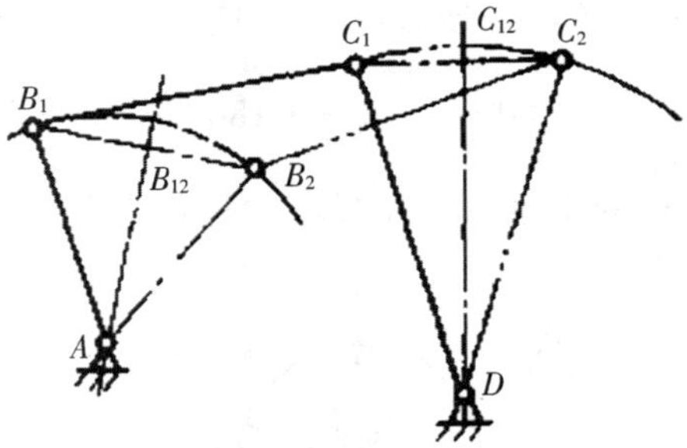

图 3 - 29　给定连杆两位置的设计

由上述作图过程可知，如果仅给定 BC 的位置，则有无穷多组解。如果附加一些其他条件，例如，曲柄存在条件，最小传动角条件，固定铰链 A、D 的位置范围要求等，可获得唯一解。

铸工车间震实式造型机工作台翻转机构就是实现连杆预定位置的应用示例，如图 3 - 30 所示。当翻台（即连杆 BC）在震实台上震实造型时，处于图示实线 B_1C_1 位置；而需要起模时，要求翻台能转 180°到达图示托台上方虚线 B_2C_2 位置，以便托台上升接触砂箱起模。若已知连杆 BC 的长度，B_1C_1、B_2C_2 在坐标系中的坐标，且要求固定铰链中心 A、D 位于 x 轴线上。此时可选定一比例尺，按上述方法设计出 AB、AD、CD 的杆长。

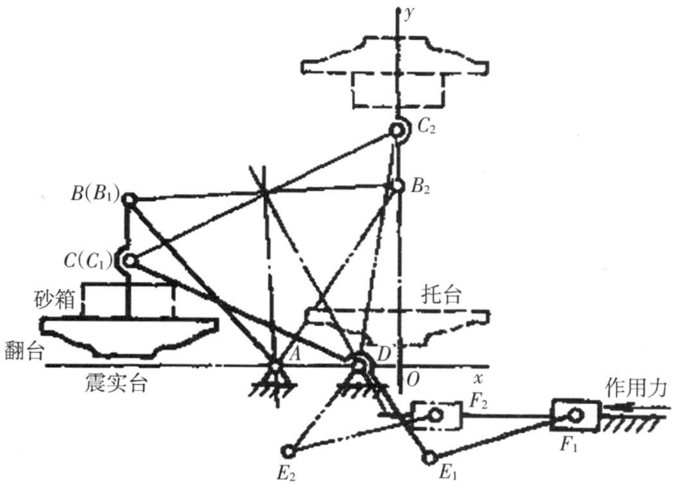

图 3-30　造型机翻转机构

任务小结

铰链四杆机构可以通过以下方法演化成衍生平面四杆机构。

(1)转动副演化成移动副。如引进滑块等构件，以这种方式构成的平面四杆机构有曲柄滑块机构、正弦机构等。

(2)选取不同构件作为机架。以这种方式构成的平面四杆机构有转动导杆机构、摆动导杆机构、移动导杆机构、曲柄摇块机构、正切机构等。

(3)变换构件的形态。

(4)扩大转动副的尺寸。

(5)演化成偏心轮机构。

模块总结

本模块研究了平面连杆机构的组成、结构、工作原理、应用、特点、设计等有关基本知识和理论。其中，铰链四杆机构的三种基本形式及它们的运动形式、曲柄存在条件、基本特性是重点内容。

对含有一个移动副的四杆机构要深刻理解，对平面四杆机构的运动设计了解即可。

模块四　凸轮机构

任务一　凸轮机构的组成、应用和分类

任务描述

简要分析凸轮机构的组成、应用和分类。

任务分析

凸轮机构广泛应用于各种自动机械、仪器和操纵控制装置。凸轮机构之所以得到如此广泛的应用，主要是由于凸轮机构可以实现各种复杂的运动要求，而且结构简单、紧凑。

凸轮机构在应用中的基本特点在于能使从动件获得较复杂的运动规律。因为从动件的运动规律取决于凸轮轮廓曲线，所以在应用时，根据从动件的运动规律来设计凸轮的轮廓曲线就可以了。

知识准备

凸轮机构是由凸轮 1、从动件 2 和机架 3(见图 4 - 1)三个基本构件组成的高副机构。凸轮是一个具有曲线轮廓或凹槽的构件，一般为主动件，做等速回转运动或往复直线运动。与凸轮轮廓接触，并传递动力和实现预定的运动规律的构件，一般做往复直线运动或摆动，被称为从动件。

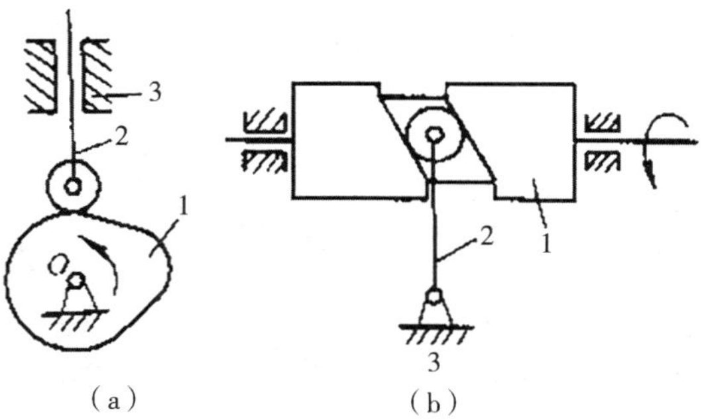

图 4 - 1　简单的凸轮机构

由于凸轮机构可以实现各种复杂的运动要求，而且结构简单、紧凑。因此广泛应用于各种自动机械、仪器和操纵控制装置。由于凸轮机构中凸轮轮廓与从动件之间的接触是点接触或线接触，难以形成润滑油膜，易于磨损，凸轮机构一般多用在传递动力不大的场合。

凸轮机构应用广泛，类型也很多，以下做简要的分类介绍：

4.1.1　按凸轮的形状来分类

1. 盘形凸轮

如图 4 - 2(a)所示，这种凸轮是一个具有变化向径(从盘型凸轮回转轴心至其轮廓上任一点的距离称为凸轮上该点的向径)的盘型构件，当它绕固定轴转动时，可推动从动件在垂直于凸轮轴的平面内运动。如图 4 - 2(b)所示为具有曲线轮廓做往复直线运动的所谓移动凸轮。这种凸轮可以看作回转轴心在无穷远处的盘型凸轮的一个特例。

2. 圆柱凸轮

这种凸轮是一个在圆柱面上开有曲线的凹槽(见图 4 - 3)，或是在圆柱端面上做出曲线轮廓[见图 4 - 2(c)]的构件。当其转动时，可使从动件在平行于其轴线或包括其轴线的平面内运动。由于凸轮与从动件的运动不在同一平面内，所以这是一种空间凸轮机构。

圆柱凸轮可以看作将移动凸轮卷于圆柱体上而形成的。

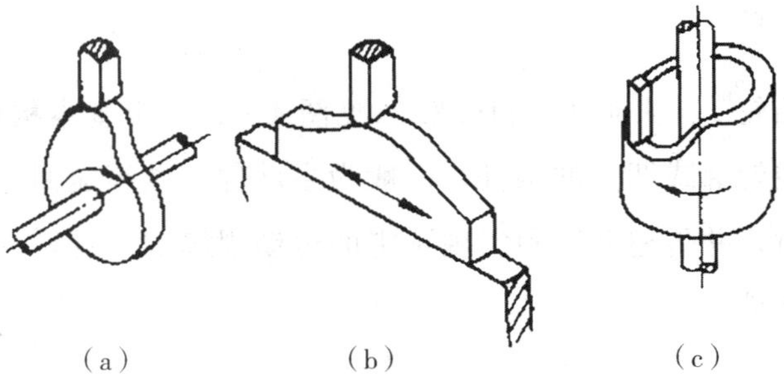

(a)　　(b)　　(c)

图 4 - 2　不同形状的凸轮

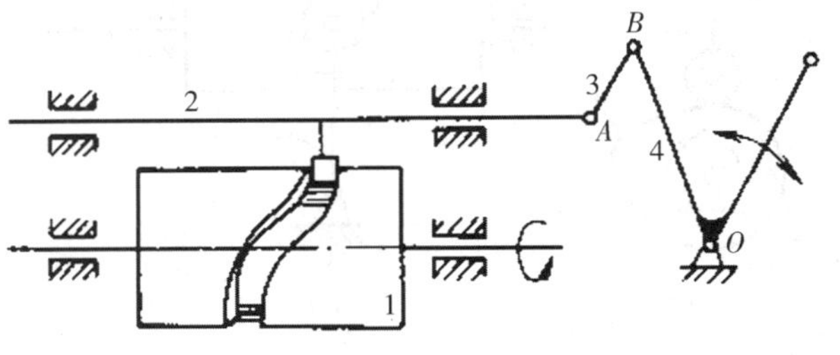

图 4 - 3　往复摆动的凸轮机构

4.1.2 按从动件的形状来分类

1. 尖顶从动件

如图4-4(a)(b)所示，其特点是，从动件的尖顶能与任意复杂的凸轮轮廓保持接触，因而理论上这种凸轮机构可以实现任意复杂的运动规律。但是从动件的尖顶以及凸轮轮廓易磨损，只能用于低速以及载荷较小的场合。

2. 滚子从动件

由于从动件通过滚子与凸轮轮廓接触，如图4-4(c)(d)，两者之间为滚动摩擦，故耐磨损。这种凸轮机构可以承受较大载荷，应用广泛。

3. 平底从动件

如图4-4(e)(f)所示，从动件端部的平面与凸轮轮廓接触，两者之间较易形成润滑油膜，润滑较好。这种凸轮机构常用于高速传动。

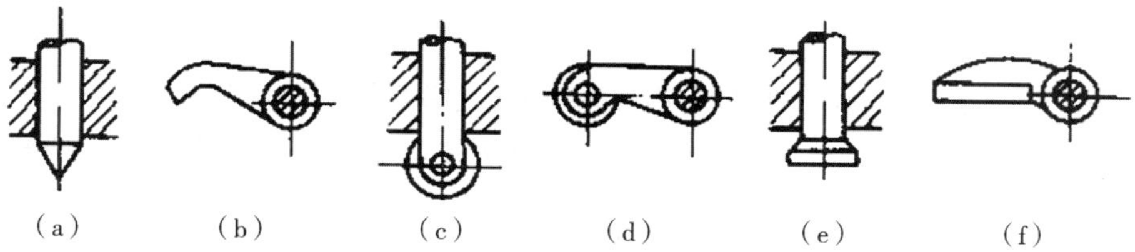

图4-4 不同从动件的凸轮机构

4.1.3 按从动件的运动形式来分类

1. 直动从动件

从动件做往复直线运动。在直动从动件中，若其运动行程线通过凸轮的回转轴则称其为对心直动从动件，若不通过凸轮的回转轴，则称之为偏置直动从动件。

2. 摆动从动件

从动件做往复摆动。

4.1.4 按凸轮与从动件保持接触的方法来分类

1. 力封闭法

利用从动件的重力、弹簧力或其他外力使其始终与凸轮保持接触。

2. 几何封闭法

利用凸轮与从动件构成的高副元素的特殊几何结构使凸轮与其始终保持接触。在图

4-5(a)所示的凸轮机构中，利用凸轮上的凹槽与置于槽中的从动件的滚子使其始终保持接触。在图4-5(b)所示的等宽凸轮机构中，因为与凸轮廓线相切的任意两平行线间的距离始终相等，且等于框形从动件的框形内壁宽度，所以凸轮和从动件始终保持接触。

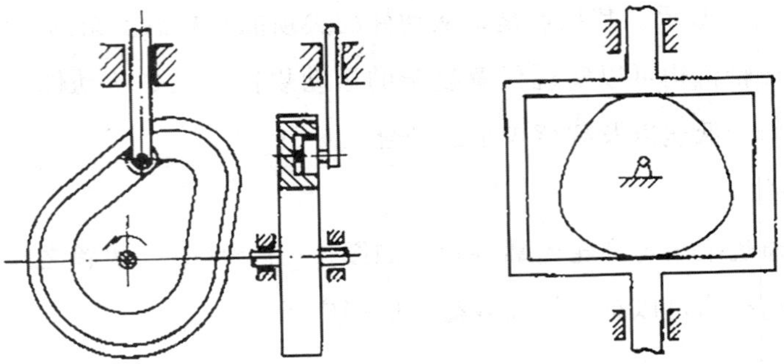

(a)　　(b)

图4-5　几何封闭凸轮机构

任务小结

凸轮机构是由凸轮、从动件和机架三个基本构件组成的高副机构。凸轮是一个具有曲线轮廓或凹槽的构件，一般为主动件，做等速回转运动或往复直线运动。凸轮机构在应用中的基本特点在于能使从动件获得较复杂的运动规律。

主要原理

由凸轮的回转运动或往复运动推动从动件做规定往复移动或摆动的机构。凸轮具有曲线轮廓或凹槽，有盘形凸轮、圆柱凸轮和移动凸轮等，其中圆柱凸轮的凹槽曲线是空间曲线，因而属于空间凸轮。从动件与凸轮做点接触或线接触，有滚子从动件、平底从动件和尖端从动件等。尖端从动件能与任意复杂的凸轮轮廓保持接触，可实现任意运动，但尖端容易磨损，适用于传力较小的低速机构中。为了使从动件与凸轮始终保持接触，可采用弹簧或施加重力。具有凹槽的凸轮可使从动件传递确定的运动。一般情况下凸轮是主动的，但也有从动或固定的凸轮。多数凸轮是单自由度的，但也有双自由度的劈锥凸轮。凸轮机构结构紧凑，最适用于要求从动件做间歇运动的场合。它与液压和气动的类似机构比较，运动可靠，因此在自动机床、内燃机、印刷机和纺织机中得到广泛应用。但凸轮机构易磨损，有噪声，高速凸轮的设计比较复杂，制造要求较高。

基本特点

1. 优点

结构简单、紧凑、设计方便，可实现从动件任意预期运动，因此在机床、纺织机械、轻工机械、印刷机械、机电一体化装配中大量应用。

2. 缺点

(1)点、线接触易磨损。

(2)凸轮轮廓加工困难。

(3)行程不大。

任务二　凸轮机构工作过程及从动件常用运动规律

任务描述

在凸轮机构中，常用从动件的运动规律有几种？各有什么特点？

任务分析

从动件在运动过程中的位移、速度、加速度随时间的变化规律称为从动件的运动规律。

常用从动件运动规律：

(1)等速运动规律。从动件在推程(回程)中的速度 v 等于常数。

注意：这样从动件在开始和终止的瞬时，速度有突变，加速度 a 在理论上为无穷大，其惯性力将引起刚性冲击。因此，等速运动只适用于低速。

(2)等加速、等减速运动规律。在前半程用等加速运动规律，后半程采用等减速运动规律，两部分加速度绝对值相等。

(3)余弦加速度运动(简谐运动)规律。余弦加速度运动规律的加速度曲线为$\frac{1}{2}$个周期的余弦曲线，位移曲线为简谐运动曲线(又称简谐运动规律)。

(4)组合型运动规律。

知识准备

4.2.1　凸轮机构工作过程分析

如图 4 - 6(a)所示为尖顶移动从动件盘形凸轮机构。以凸轮轴心 O 为圆心、以凸轮轮廓的最小向径 r_b 为半径所作的圆称为基圆，r_b 称为基圆半径。图 4 - 6(a)所示位置是从动件移动上升的起点，也是从动件尖顶所处的最低点 A。当凸轮从图示位置逆时针转过 φ_0 角时，从动件在向径渐增的凸轮轮廓作用下，以一定的运动规律被推至距凸轮回转

中心最远的位置 B 点。这一过程为推程，从动件所移动的距离 h 为升程或行程，凸轮对应的转角 φ_0 为推程运动角。当凸轮继续转过 φ_s 角度时，以 O 点为圆心的圆弧 BC 与从动件接触，使从动件在最远处静止不动，即停程，其对应转角 φ_s 为远休止角。当凸轮继续回转 φ_0' 角度时，从动件沿着凸轮轮廓弧 CD 按预定运动规律降到最低位置，即回程，转角 φ_0' 为回程运动角。当凸轮再回转 φ_s' 角度时，从动件尖顶沿着凸轮轮廓上基圆圆弧 DA 滑动至起点 A，在这一行程中，从动件并未沿导路发生移动，故圆弧 DA 段行程为近停程，φ_s' 角为近休止角。若凸轮连续转动时，从动件一定重复上述“升一停一降一停”的运动过程。通常推程是凸轮机构的工作行程，而回程则是凸轮机构的空回行程。

从动件位移 s 与凸轮转角 φ 之间的关系可用图 4-6(b)表示，它被称为位移曲线(也被称为 s-φ 曲线)。位移曲线直观地表示了从动件的位移变化规律，它是凸轮轮廓设计的依据。

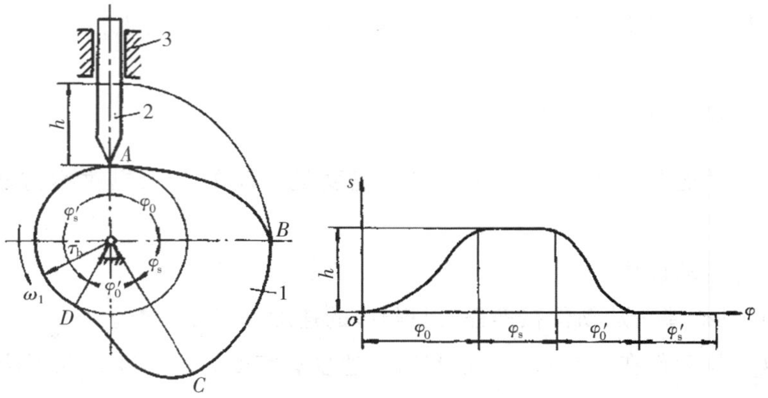

(a)　　(b)

图 4-6　凸轮与从动件的运动关系

4.2.2　从动件的常用运动规律

1. 等速运动规律

凸轮以等角速度 ω 回转，从动件的推程(上升)或回程(下降)速度等于常数。这种运动规律被称为等速运动规律。由物理学知，从动件等速运动的运动参数表达式为

$$\left.\begin{aligned} v&=v_0=\frac{h}{\varphi_0}\omega=\text{常数}\\ s&=\frac{h}{\varphi_0}\varphi\\ a&=\frac{\mathrm{d}v}{\mathrm{d}t}=0 \end{aligned}\right\}\qquad(4-1)$$

以凸轮转角为横坐标，从动件位移 s、速度 v、加速度 a 为纵坐标，作出 s-φ、v-φ、a-φ 的关系线图，即从动件运动曲线图。

由公式(4-1)可以看出等速运动规律速度曲线图应为平行横轴的直线；位移曲线图

是由起点(0，0)和终点(φ_0，h)连成的斜线；加速度为零，起点和终点加速度值在理论上达到无穷大。如图 4-7 所示。

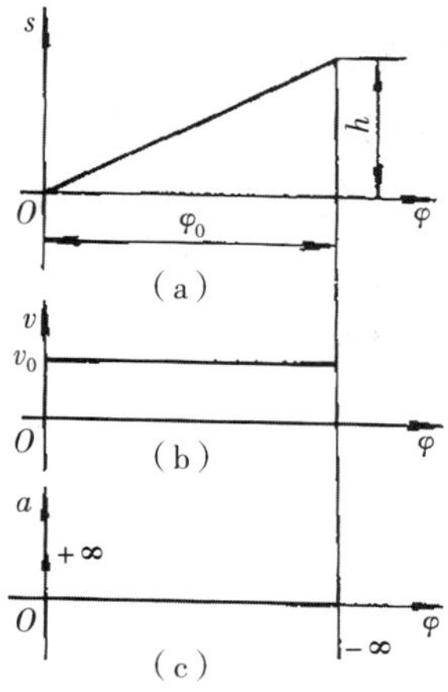

图 4-7　等速运动规律运动曲线

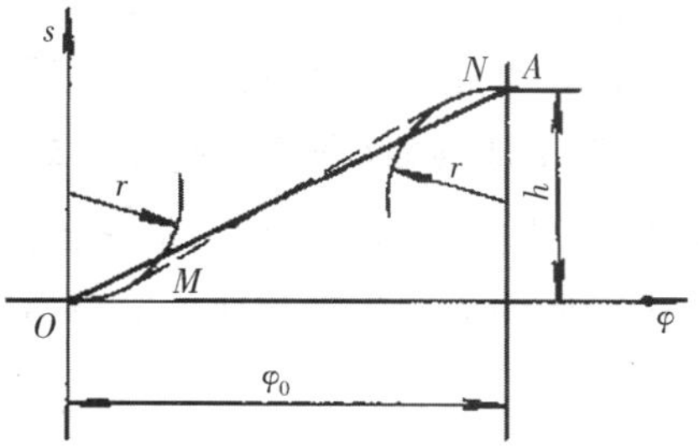

图 4-8　等速运动位移曲线的修正

等速运动规律由于端点的加速度在理论上为无穷大，会产生无穷大的冲击，这种冲击为刚性冲击。因此，等速运动规律只能用于低速轻载的场合。

为了避免刚性冲击，实际中通常对位移曲线加以修正，如图 4-8 所示，在 OA 两处以圆弧过渡，圆弧半径 $r=\frac{h}{2}$；MN 为两圆的内公切线，即线段 OM、NA 为修正后的位移曲线(回程类似)。

2. 等加等减速运动规律(抛物线运动规律)

等加等减速运动规律是从动件在一个推程或者回程中，前半程做等加速运动，后半程做等减速运动。通常加速度与减速度的绝对值相等。

由于加速度是常数，加速度曲线为两段平行于横轴的直线，如图 4-9(c)，由 $v=a_0t$，则对应的速度曲线为两条斜直线如图 4-9(b)；又由 $s=\frac{1}{2}at^2$ 可知，因加速度为常数，所以从动件行程 s 与时间 t^2 成正比。因凸轮等角速转动，可认为从动件行程 s 与凸轮转角的平方成正比。从动件的位移曲线就是由两段相反的抛物线组成的。

位移曲线图的画法如图 4-9(a)。选择适当的位移比例尺 μ_s 和转角比例尺 μ_φ，将横坐标轴代表$\frac{\varphi_0}{2}$

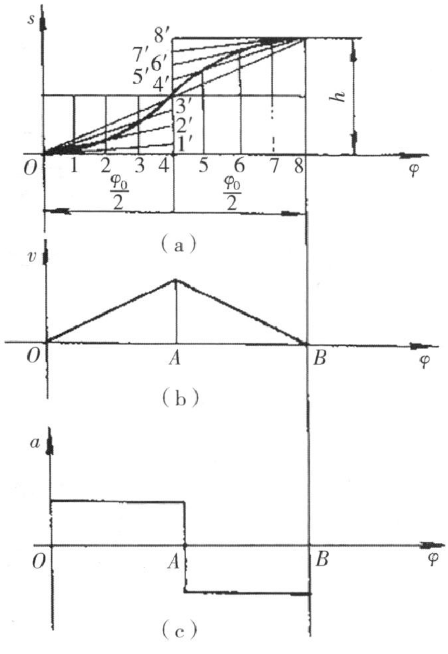

图 4-9　等加等减速运动曲线图

的线段(前半推程角)分为若干等份(图中为四等分)得1、2、3、4各点。过这些点作横轴的垂线。将纵坐标轴，从动件行程一半($\frac{h}{2}$)分成同样的等份(四等分)得1′、2′、3′、4′各点。连接$O1'$、$O2'$、$O3'$、$O4'$分别与相应的垂线相交。将这些点用光滑曲线连接起来，即等加速的位移曲线。等减速的位移曲线则为一相反的抛物线，方法同前。

由图4-9(c)看出，等加等减速运动规律从动件在O、B各点加速度有突变，因而惯性也将突变，但这种变化的数值是有限的，故由此而产生的冲击也是有限的。这种冲击叫柔性冲击。因此，这种运动规律只适用于中、低速和轻载的场合。

3. 简谐运动规律(余弦加速度运动规律)

如图4-10所示，当质点A在直径为h的圆周上做匀速运动时，顶点在这个圆的直径上的投影所构成的运动规律为简谐运动规律。

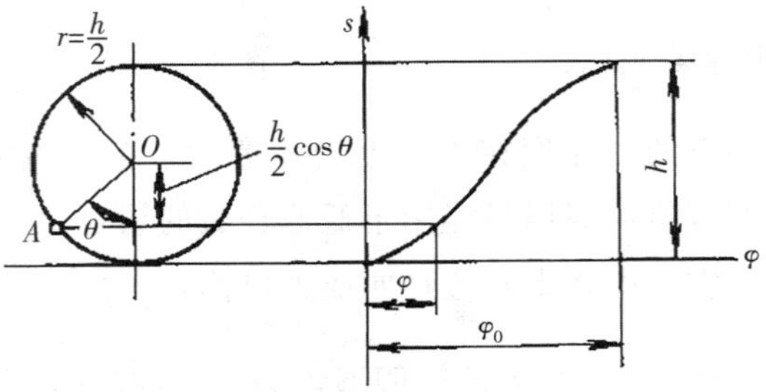

图4-10　简谐运动规律

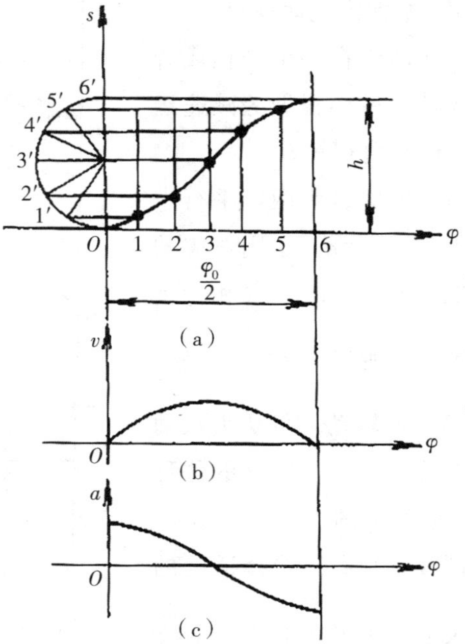

图4-11　简谐运动规律运动曲线图

从图中看出位移方程为

$$s=\frac{h}{2}-\frac{h}{2}\cos\theta \tag{4-2}$$

式中　θ——点 A 绕 O 点的转角。

因为凸轮也是等角速回转的，所以凸轮转角 φ 与点 A 转角 θ 成正比。在推程中，当 $\theta=\pi$ 时，$\varphi=\varphi_0$，由此可得 $\theta=\frac{\pi}{\varphi_0}\varphi$ 代入式(4 - 2)得

$$s=\frac{h}{2}\left(1-\cos\frac{\pi}{\varphi_0}\varphi\right) \tag{4-3}$$

从动件做简谐运动时位移曲线的画法如图 4 - 11(a)所示。选择适当的比例尺 μ，将横坐标代表 φ_0 的线段(凸轮的推程角)分成若干等份(图中的六等分)，由各点作横轴的垂线。再以行程 h 为直径在纵坐标上作半圆，将半圆周也分成相应的等份(六等分)。然后，自这些分点引水平线与上述诸垂线一一对应相交。最后将这些交点连成光滑曲线即简谐运动位移曲线。

余弦加速度曲线如图 4 - 11(c)所示。对应的速度曲线应为正弦曲线如图 4 - 11(b)所示。

由加速度曲线图可以看出，从动件在行程的开始、终止时仍产生柔性冲击，因此这种运动规律用于中、低速中载场合。

上述三种运动规律是最基本的也是最常用的运动规律(还有正弦加速度运动规律、多项式等，此处略)，设计时可将不同的运动规律加以组合或改进，即可得各种形式的运动规律以满足工程实际中的各种需要。如果只要求位置对应，则运动规律可以从减小冲击或便于加工考虑来确定。

任务小结

多项式运动规律：

(1)一次多项式运动规律：有刚性冲击。

(2)二次多项式运动规律：有柔性冲击。

(3)五次多项式运动规律：无刚性冲击也无柔性冲击。

(4)三角函数运动规律：①余弦加速度运动规律。有柔性冲击无刚性冲击；②正弦加速度运动规律。无刚性冲击也无柔性冲击。

任务三　盘形凸轮轮廓曲线的设计

任务描述

试分析在直动滚子从动件盘形凸轮机构中，凸轮的理论廓线与实际廓线间的关系。

任务分析

滚子凸轮的理论轮廓曲线和实际轮廓曲线的形状是不同的，实际轮廓是指凸轮的实际外形，而理论轮廓是要加上滚子半径的，当然如果是内凸轮那就应减去滚子半径，也就是滚子的中心走过的轨迹才是理论的轮廓曲线。

知识准备

当选定从动件运动规律、凸轮转速及转向和基圆半径 r_b 后，即可用作图法(或解析法)设计凸轮的轮廓曲线。图解法直观、方便，本节只介绍图解法。

图解法设计凸轮轮廓是建立在反转法的基础上的。所谓反转法原理是给整个机构加上一个绕某轴的反方向的转动，各构件间的相对运动并不改变。这时凸轮静止不动，而推杆则一方面随其导轨绕轴 O 转动；另一方面又在其导轨内做预期的往复运动如图 4 - 12 所示。从动件在这种往复运动中，其尖端的运动轨迹就是凸轮的轮廓曲线。

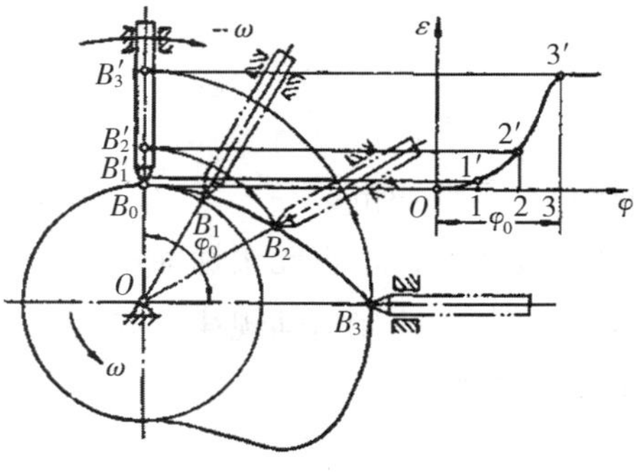

图 4 - 12　反转法原理

4.3.1　尖顶对心移动从动件盘形凸轮轮廓的设计

尖顶移动从动件盘形凸轮机构中，从动件导路中心通过凸轮回转中心，被称为对心直动从动件盘形凸轮机构，否则被称为偏心移动从动件盘形凸轮机构。

设已知尖顶对心移动从动件盘形凸轮以等角速度 ω 顺时针转动，基圆半径 $r_b=30$ mm，从动件运动规律如下表所示，试设计该凸轮的轮廓曲线。

凸轮转角	0°～90°	90°～150°	150°～330°	330°～360
从动件运动	等速上升 30 mm	停止不动	等加速、等减速下降到原处	停止不动

凸轮轮廓曲线的绘制步骤如下：

1. 选取比例尺，作位移曲线

选长度比例尺 $\mu_1=2$ mm/mm，角度比例尺 $\mu_2=6°$/mm，画从动件位移曲线[如图 4 - 13(a)]，并将推程运动角 3 等分，回程运动角 6 等分，得分点 1、2、…、10，停程不必取分点。各分点处对应的从动件位移量为 11′、22′、…、99′。

2. 画基圆并确定从动件尖顶的起始位置

如图 4 - 13(b)所示，取相同的比例尺 μ_1，以 O 为圆心，以 $\frac{r_b}{\mu_1}=\frac{30}{2}=15$ mm 为半径作基圆。过 O 点画从动件导路与基圆交于 B 点，则 B 点即从动件尖顶的起始位置。

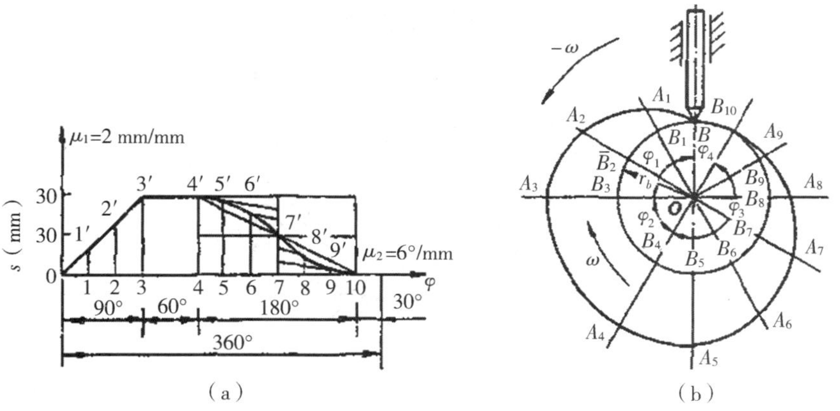

图 4 - 13　尖顶对心移动从动件盘形凸轮机构

3. 画反转过程中从动件的导路位置

自 OB 沿 $-\omega$ 方向量取推程运动角、远休止角、回程运动角和近休止角分别为 90°、60°、180°、30°，并将其分成与位移曲线图中对应的等分，等分线与基圆的交点依次为 B_1、B_2、…、B_{10}。则射线 OB_1、OB_2、…、OB_{10} 即反转过程中从动件导路所在的各个位置。

4. 画凸轮工作轮廓

分别在 OB_1、OB_2、…、OB_9 上量取从动件的相对位移量，即线段 $B_1A_1=11'$、$B_2A_2=22'$、…、$B_9A_9=99'$，得反转过程中尖顶的一系列位置 A_1、A_2、…、A_9。将 B、A_1、A_2、…、A_9、B_{10}、B 诸点用光滑曲线连接即所求的凸轮工作轮廓。

应当指出，用图解法绘制凸轮工作轮廓时，凸轮转角等分数目越多，绘制的凸轮工作轮廓精确度就越高。

4.3.2 滚子对心移动从动件盘形凸轮轮廓的设计

对于滚子从动件凸轮机构，在工作时滚子中心始终与从动件保持相同的运动规律，而滚子与凸轮轮廓接触点到滚子中心的距离，始终等于滚子半径 r_r。由此可得作图步骤如下：

(1)将滚子的回转中心视为从动件的尖顶，按照上面的步骤作出尖顶从动件的凸轮轮廓，即理论轮廓曲线 β（图 4 - 14）。

(2)以理论轮廓曲线上的各点为圆心，以滚子半径 r_r 为半径，画一系列的圆。再作这一系列圆的内包络线 β'，该包络线即凸轮的工作轮廓(图 4 - 14)。

应当注意，由于凸轮工作轮廓 β' 与理论轮廓 β 不是相似形，因此在理论轮廓上简单地沿径向线向内取距离为 r_r 的对应点，再圆滑连接的作图方法是不对的，必须作包络线。此外，凸轮的基圆半径 r_b 是指理论轮廓曲线上的最小向径。

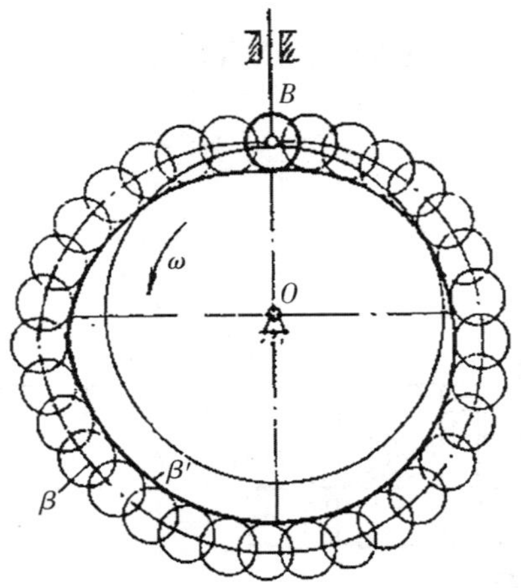

图 4 - 14 滚子从动件盘形凸轮机构

任务小结

理论廓线上任意一点的法向方向上与工作廓线相差一个滚子半径。

凸轮机构是由凸轮、从动件和机架三个基本构件组成的高副机构。凸轮是一个具有曲线轮廓或凹槽的构件，一般为主动件，做等速回转运动或往复直线运动。

与凸轮轮廓接触，并传递动力和实现预定的运动规律的构件，一般做往复直线运动或摆动，为从动件。

凸轮机构在应用中的基本特点在于能使从动件获得较复杂的运动规律。因为从动件的运动规律取决于凸轮轮廓曲线，所以在应用时，根据从动件的运动规律来设计凸轮的轮廓曲线就可以了。

凸轮机构广泛应用于各种自动机械、仪器和操纵控制装置。凸轮机构之所以得到如此广泛的应用，主要是由于凸轮机构可以实现各种复杂的运动要求，而且结构简单、紧凑。

任务四　盘形凸轮的结构设计

任务描述

设计一尖顶移动从动件盘形凸轮机构，要求凸轮推程运动角 $\varphi_0=175°$，从动件在推程中按等加速、等减速规律运动，其行程 $h=18$ mm，最大压力角 $\alpha_{\max}=16°$。试确定其凸轮的基圆半径 r_b。

任务分析

根据工作要求，在基圆基础上画曲线，通过调整角度分配上升要求的时间。

位移过程，通过调整凸轮外圆到基圆中心的距离来实现。

只需设计适当的凸轮轮廓，便可使从动件得到任意的预期运动，而且结构简单、紧凑、设计方便，因此在自动机床、轻工机械、纺织机械、印刷机械、食品机械、包装机械和机电一体化产品中得到广泛应用。

知识准备

在介绍用图解法设计凸轮轮廓曲线时，假设凸轮的基圆半径、滚子半径等尺寸均为已知。而在实际设计时，则需根据机构的受力情况，并考虑结构的紧凑性、运动的可靠性等因素，合理确定这些尺寸。本节将讨论如何确定有关的尺寸和参数。

4.4.1　压力角

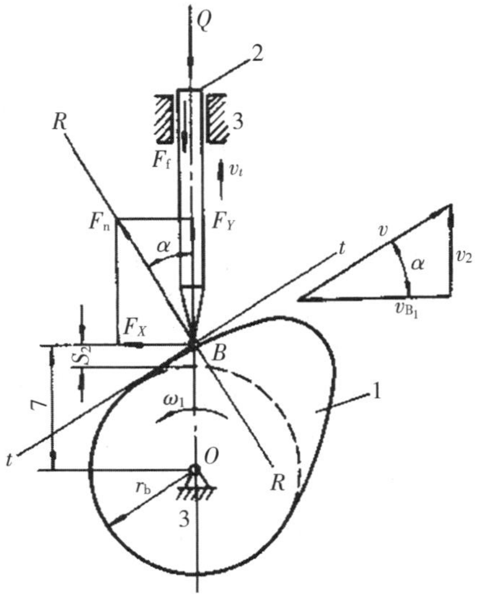

图 4-15　凸轮机构的压力角

图 4-15 所示为一尖顶对心移动从动件盘形凸轮机构在推程中的一个位置。如果不考虑摩擦力，从动件的运动方向和凸轮作用于它的法向力 F_n 方向之间所夹的锐角 α 为压力角。法向力可分解为两个分力：

$$\left.\begin{aligned}F_X&=F_n\cdot\sin\alpha\\F_Y&=F_n\cdot\cos\alpha\end{aligned}\right\}\tag{4-4}$$

显然，F_Y 是推动从动件运动的有效分力，它除了克服工作阻力 Q 之外，还须克服导路的摩擦阻力 F_f；而与导路垂直的分力 F_X 将使从动件压紧导路，产生摩擦力，是有害分力。由上述关系可知，压力角 α 越大，有效分力 F_Y 越小，有害分力 F_X 越大。当 α 角增大到某一数值时，必将出现 $F_Y \leqslant F_X$ 的情况。这时，不论施加多大的 F_n，都不能使从动件运动，这种现象被称为自锁。因此，为了保证凸轮机构的正常工作，必须对凸轮机构的压力角加以限制，即使其最大压力角 α_{max} 始终小于或等于许用压力角$[\alpha]$。根据工程实践经验，推荐推程许用压力角取如下数值：

移动从动件$[\alpha]=30°$，摆动从动件$[\alpha]=45°$。

回程中从动件通常是靠外力或自重作用返回的，一般不会出现自锁现象，压力角可以取大一些，推荐$[\alpha]$为 70°～80°。

凸轮轮廓曲线绘好后，主要检查其推程压力角。具体方法：在轮廓曲线变化大、坡度陡的地方选定一点 K，如图 4－16 所示，过 K 点作凸轮轮廓线的法线$\overline{KN}$，$\overline{KN}$即代表受力方向。再自 K 点作从动件的运动方向线$\overline{KO}$，则$\overline{KN}$与$\overline{KO}$之间的夹角就是压力角 α。这样，便可用量角器核查该角是否小于许用压力角。

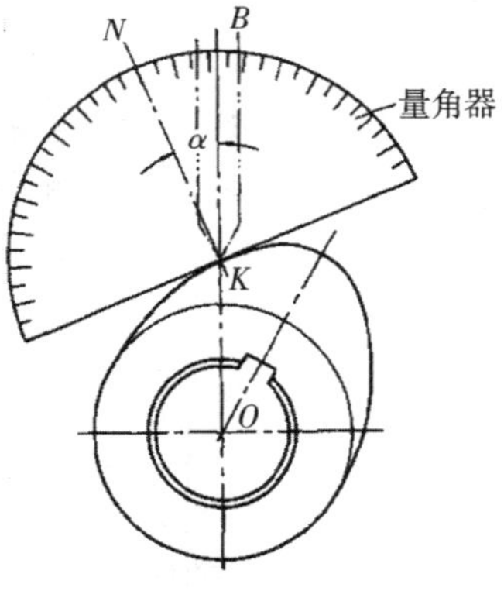

图 4－16　压力角的检验

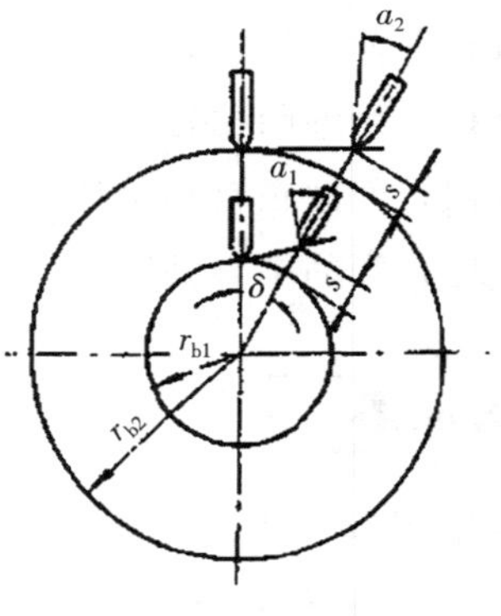

图 4－17　基圆与压力角

若 $\alpha_{max}>[\alpha]$，则应修改原设计，通常采用增大基圆半径或将对心式从动件改为偏置式从动件的方法，以减小推程中的压力角。

4.4.2　凸轮基圆半径的选择

压力角的大小与基圆半径有关。如图 4－17 所示，当凸轮转过相同的转角 δ，从动件上升相同位移 s 时，基圆半径较小者凸轮工作轮廓较陡，压力角较大；而基圆半径较大的凸轮工作轮廓较平缓，压力角较小。

为了减小压力角，宜取较大的基圆半径；欲使结构紧凑，则应尽可能减小基圆半径。

因此，设计时应在满足 $\alpha_{max} \leqslant [\alpha]$ 的条件下取尽可能小的基圆半径。

目前，凸轮基圆半径的选择常用如下两种方法：

1. 根据凸轮的结构确定 r_b

当凸轮与轴做成一体（凸轮轴）时：

$$r_b \geqslant r + r_r + (2\sim5)\ \text{mm} \tag{4-5}$$

当凸轮装在轴上时

$$r_b \geqslant r_n + r_r + (2\sim5)\ \text{mm} \tag{4-6}$$

式中：r——凸轮轴的半径，单位为 mm。

r_n——凸轮轮毂的半径，单位为 mm，一般 $r_n = (1.5\sim1.7)r$。

r_r——滚子半径，单位为 mm，若从动件不带滚子，则 $r_r = 0$。

2. 根据 $\alpha_{max} \leqslant [\alpha]$ 确定 r_b

工程上现已制备了根据从动件常用运动规律确定最大压力角与凸轮基圆半径关系的诺谟图，图 4-18 所示为一种适于对心移动从动件盘形凸轮机构的诺模图。图中上半圆的标尺代表凸轮的推程运动角 φ，下半圆的标尺代表最大压力角 α_{max}，直径的标尺代表从动件运动规律的 $\frac{h}{r_b}$ 的值。

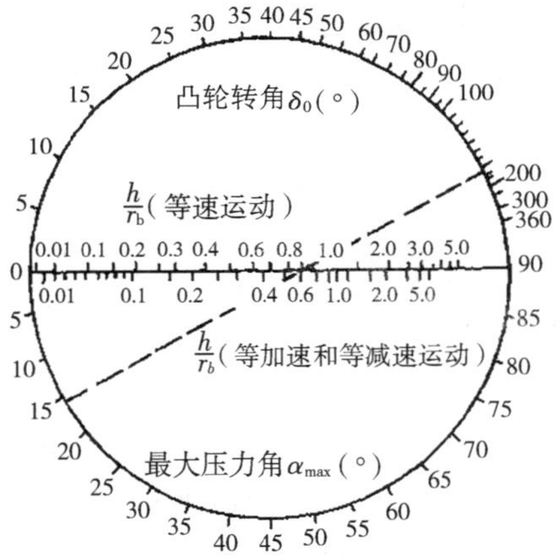

图 4-18　求盘形凸轮基圆半径的诺谟图

4.4.3　滚子半径的选择

在滚子从动件凸轮机构中，滚子半径的选择要综合考虑滚子的结构、强度、凸轮轮廓曲线形状等因素，特别是不能因滚子半径选得过大造成从动件运动规律失真等情况。下面分析凸轮轮廓曲线形状与滚子半径的关系。

如图 4-19 中，ρ 为理论轮廓线某点的曲率半径，ρ' 为凸轮实际轮廓线对应点的曲率半径，r_r 为滚子半径。

1. 当理论轮廓线内凹时[如图 4-19(a)]

$$\rho' = \rho + r_r$$

这时，无论滚子半径大小，凸轮工作轮廓总是光滑曲线。

2. 当理论轮廓线外凸时[如图 4-19(b)(c)(d)]

$$\rho'=\rho-r_r$$

这时可分三种情况：

(1) $\rho>r_r$ 时，$\rho'>0$，这时所得的凸轮实际轮廓为光滑的曲线[图 4-19(b)]

(2) $\rho=r_r$ 时，$\rho'=0$，实际轮廓线变尖[图 4-19(c)]，极易磨损，不能使用。

(3) $\rho<r_r$ 时，$\rho'<0$，即实际轮廓曲线出现交叉[4-19(d)]，交点以外的廓线在加工时将被切去，致使从动件不能按预定的运动规律运动，这种现象被称为失真。

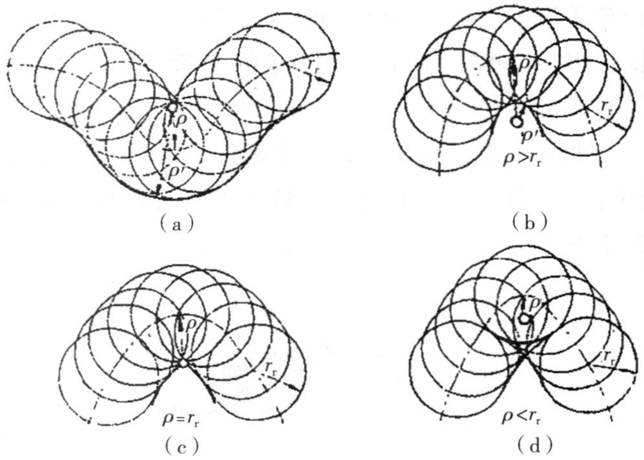

图 4-19 滚子半径的选择

综上所述，欲保证滚子与凸轮正常接触，滚子半径 r_r 必须小于理论廓线外凸部分的最小曲率半径 ρ_{min}。通常设计时可取 $r_r\leqslant 0.8\rho_{min}$。若此要求无法满足时，可适当增大基圆半径重新设计；若机器的结构不允许增大凸轮尺寸时，可改用尖顶从动件。

理论轮廓曲线的最小曲率半径可用作图法求得，先在理论轮廓线上目测出曲率最小处 H(图 4-20)，在 H 附近作三个半径相等的适当小圆，由几何关系可知，H 处的曲率中心在 C 点，曲率半径 $\rho_{min}=\overline{CH}$，$\overline{CH}$ 直线也在 F 点的法线 $n-C$ 上。

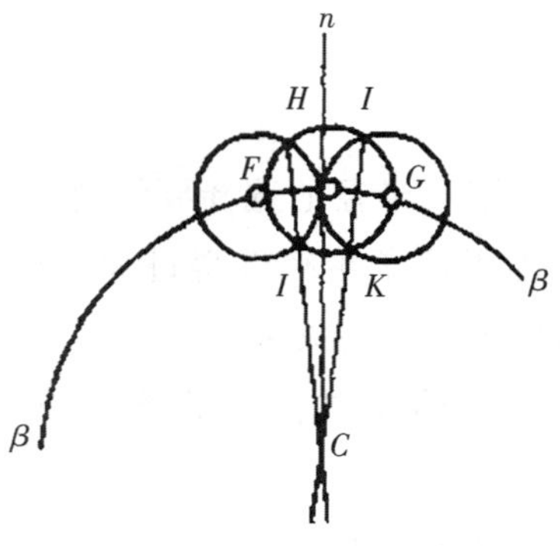

图 4-20 曲率半径的近似求法

4.4.4　凸轮的结构

1. 凸轮在轴上的固定方式

当凸轮轮廓尺寸接近轴径尺寸时，凸轮与轴可做成一体(图 4 - 21)；当尺寸相差比较大时，凸轮和轴的固定采用键连接(图 4 - 22)或销连接(图 4 - 23)；图 4 - 24 为采用弹性锥套和螺母连接。这种连接可用于凸轮与轴的相对角度需要自由调节的场合。

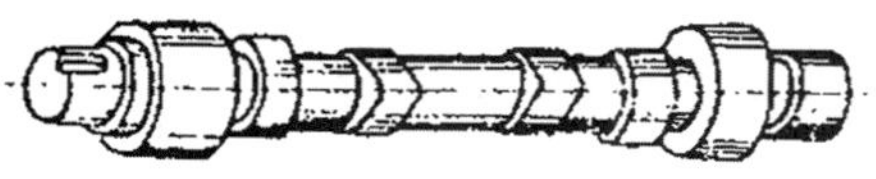

图 4 - 21　凸轮轴

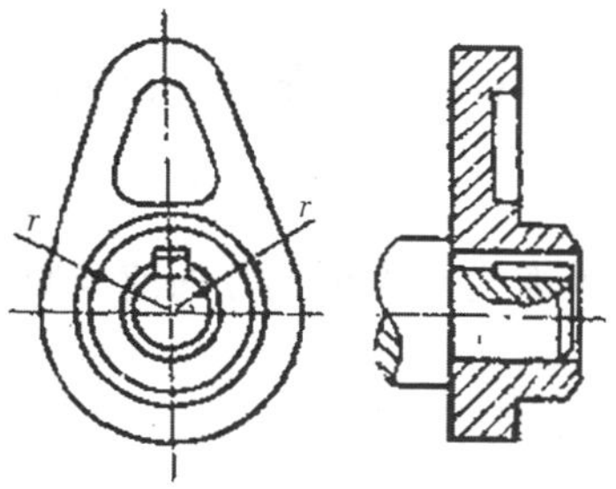

图 4 - 22　用平键连接

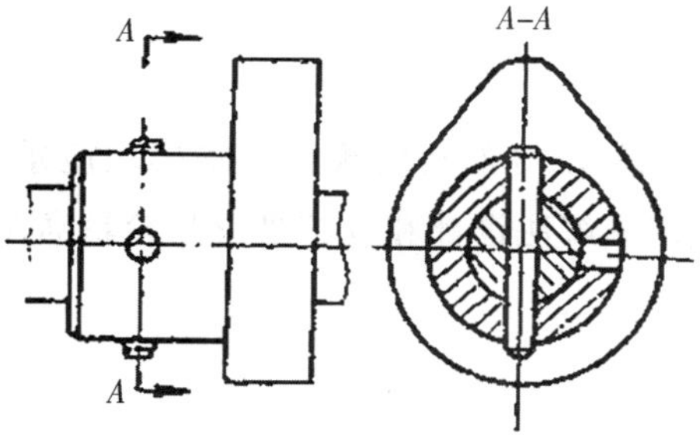

图 4 - 23　用圆锥销连接

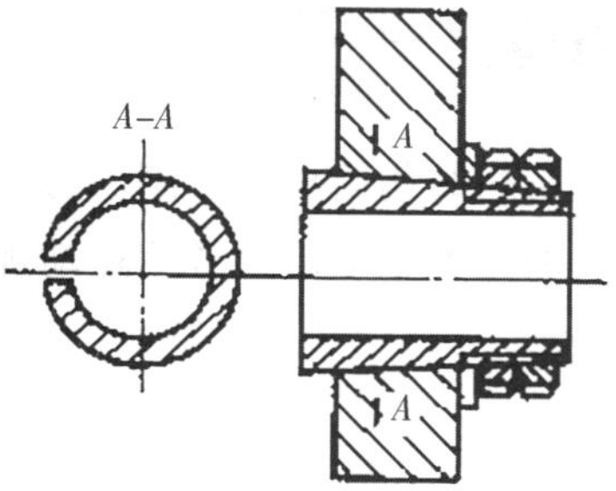

图 4 - 24　用弹性锥套和螺母连接

2. 滚子及其连接

图 4 - 25 所示为常见的几种滚子结构。图 4 - 25(a)为专用圆柱体滚子及其连接形式，即滚子与从动件底端用螺栓连接；图 4 - 25(b)(c)所示为滚子与从动件底端用销轴连接，其中图 4 - 25(c)所示的滚子是直接采用合适的滚动轴承代替的。但无论上述哪种情况，都必须保证滚子能自由转动。

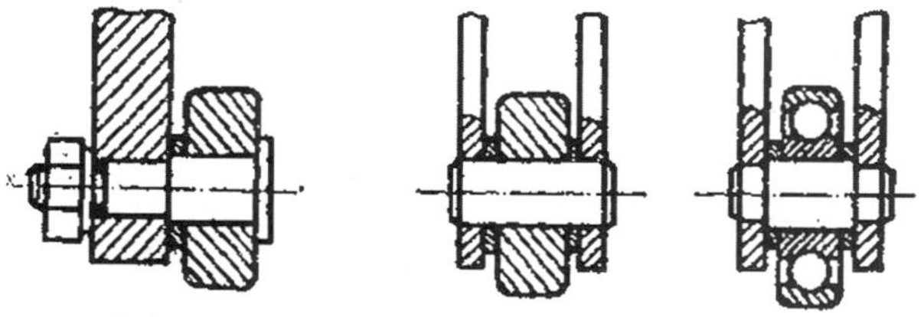

(a)　(b)　(c)

图 4 - 25　滚子结构

3. 凸轮和滚子的材料

凸轮机构工作时，往往承受冲击载荷，凸轮与从动件接触部分有严重磨损，因此必须合理地选择凸轮和滚子的材料，并进行适当的热处理，使滚子和凸轮的工作表面具有较高的硬度和耐磨性，而心部有较好的韧性以承受冲击。凸轮和滚子常用的材料有45、20Cr、18CrMnTi或T9、T10等合金钢并经表面淬火处理。

任务小结

解 (1)根据已知条件将位于圆周上标尺为 $\varphi_0=175°$ 和 $\alpha_{\max}=16°$ 的两点以直线相连，如图4-18中虚线所示。

(2)由虚线与直径上等加速等减速运动规律标尺的交点得：$\dfrac{h}{r_b}=0.6$。

由此得最小基圆半径 $r_{b\min}=\dfrac{h}{0.6}=\dfrac{18}{0.6}=30\ \text{mm}$。

(3)基圆半径按 $r_b \geqslant r_{b\min}$ 选取。

模块总结

凸轮机构结构简单、紧凑、易于设计并实现从动件的运动规律。本模块应重点了解凸轮机构的分类和从动件常用运动规律，掌握用图解法设计和校核盘形凸轮轮廓曲线。

模块五　带传动和链传动

任务一　摩擦轮传动和挠性传动概述

任务描述

分析摩擦轮传动的定义、特点及其优缺点。

任务分析

摩擦轮传动可分为定传动比传动和变传动比传动两类。

摩擦轮传动是由两个相互压紧的圆柱形摩擦轮组成的，当正常工作时，主动轮可借助摩擦力的作用带动从动轮回转，并使传动基本保持固定的传动比。由于摩擦传动是在摩擦力的作用下工作的，所以保持相互压紧，由摩擦力在接触面间产生足够的法向力是摩擦传送的最基本条件。

优点：(1)制造简单，运行平稳，噪声很小。(2)过载时发生打滑，故能防止机器中重要的零件损坏。(3)能无级改变传动比。

知识准备

5.1.1　摩擦轮传动

1. 摩擦轮传动的工作原理

摩擦轮传动是利用两轮直接接触所产生的摩擦力来传递运动和动力的一种机械传动。图 5 - 1(a)所示为最简单的摩擦轮传动，由两个相互压紧的圆柱形摩擦轮组成。在正常传动时，主动轮依靠摩擦力的作用带动从动轮传动，并保证两轮面的接触处有足够大的摩擦力，使主动轮产生的摩擦力矩足以克服从动轮上的阻力矩。如果摩擦力矩小于阻力矩，在传动中两轮面接触处会出现相对滑移现象，这种现象称为“打滑”。

机构中瞬时输入速度与输出速度的比值称为机构的传动比。对于摩擦轮传动，其传动比就是主动轮转速与从动轮转速的比值。传动比用符号 i 表示，表达式为

$$i_{12}=\frac{n_1}{n_2} \tag{5 - 1}$$

式中：n_1——主动轮转速，单位为 r/min；

n_2——从动轮转速，单位为 r/min。

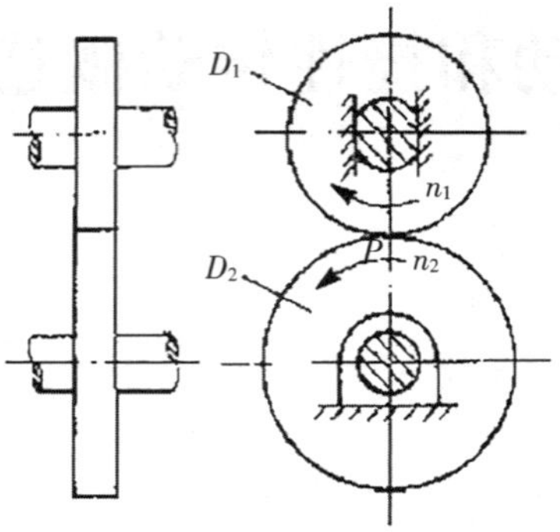

(a)外接圆柱式

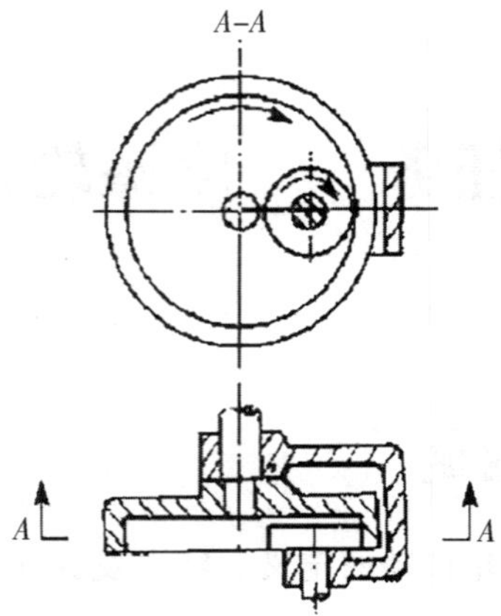

(b)内接圆柱式

图 5-1　两轴平行的摩擦轮传动

如图 5-1(a)所示，传动时如果两摩擦轮在接触处 P 点没有相对滑移，则两轮在 P 点的线速度相等，即 $v_1=v_2$。

因为
$$v_1=\frac{\pi D_1 n_1}{1000\times 60} \tag{5-2}$$
$$v_2=\frac{\pi D_2 n_2}{1000\times 60} \tag{5-3}$$
所以
$$n_1 D_1=n_2 D_2$$
或
$$\frac{n_1}{n_2}=\frac{D_2}{D_1}$$
由此可知：两摩擦轮的转速之比等于它们直径的反比。与式(5-1)比较，得
$$i_{12}=\frac{n_1}{n_2}=\frac{D_2}{D_1} \tag{5-4}$$
式中：D_1——主动轮直径，单位为 mm；

D_2——从动轮直径，单位为 mm。

2. 摩擦轮传动的特点

(1)结构简单，使用及维修方便，适用于两轴中心距较近的传动。

(2)传动时噪声小，并可在运转中变速、变向。

(3)过载时，两轮接触处会打滑，因而可防止薄弱零件的损坏，起到安全保护的作用。

(4)在两轮接触处有打滑的可能，所以不能保证准确的传动比。

(5)传动效率较低，不宜传递较大的扭矩，主要适用于高速、小功率传动的场合。

5.1.2　挠性传动

带传动和链传动统称为挠性传动。

1. 带传动

带传动是由主动带轮、从动带轮和传动带组成的。带传动是一种使用广泛的机械传动方式，在精密机械有工程机械、矿山机械、化工机械、交通运输、农业机械等中都有广泛使用。如图 5-2，它是利用环状的挠性的传动带紧箍两个带轮，在传动带与带轮之间产生摩擦力，将主动带轮的运动和动力传递给从动带轮。

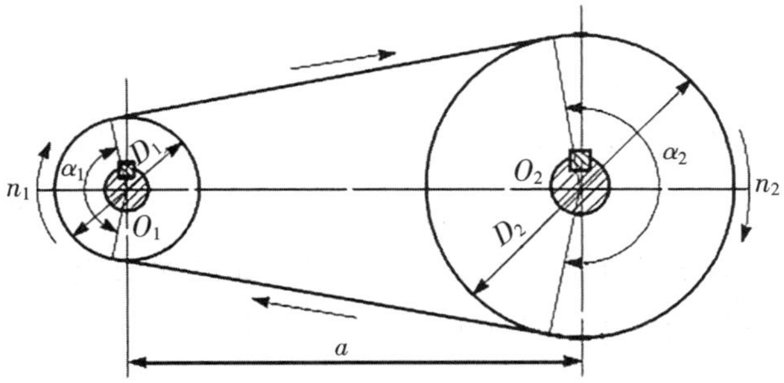

图 5-2　带传动

若不考虑带在轮缘上的滑动，认为带的速度 v 与轮缘线速度相同，则

$$v=\frac{\pi D_1 n_1}{1000\times 60}=\frac{\pi D_2 n_2}{1000\times 60} \tag{5-5}$$

传动比

$$i_{12}=\frac{n_1}{n_2}=\frac{D_2}{D_1} \tag{5-6}$$

式中：n_1——主动带轮转速，单位为 r/min；

n_2——从动带轮转速，单位为 r/min；

D_1——主动带轮直径，单位为 mm；

D_2——从动带轮直径，单位为 mm。

2. 链传动

链传动是通过链条将具有特殊齿形的主动链轮的运动和动力传递到具有特殊齿形的从动链轮的一种传动方式。链传动多用在不宜采用带传动与齿轮传动，且两轴平行、距离较远、功率较大、平均传动比较准确的场合。

如图 5-3，设链传动中，主动链轮的齿数为 z_1，从动链轮的齿数为 z_2，主动链轮每转过一个齿，链条就移动一个链节，则从动链轮就被链条带动也转过一个齿。若主动链轮转 n_1 转，转过的总齿数为 n_1z_1；而从动链轮转 n_2 转，则转过的总齿数为 n_2z_2。主动链轮与从动链轮转过的总齿数是相等的，所以

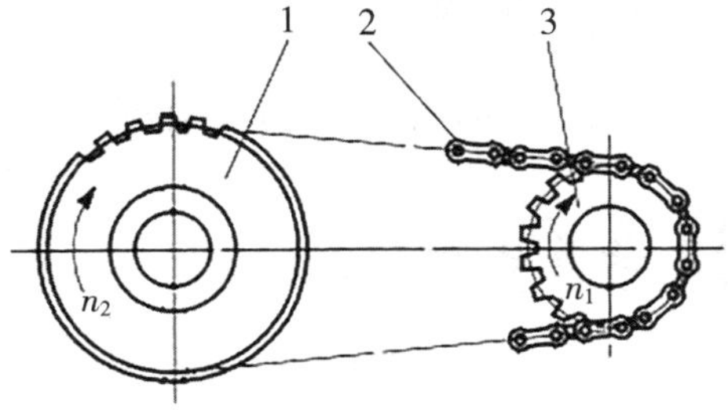

图 5-3　链传动

1—从动链轮　2—链条　3—主动链轮

$$n_1z_1=n_2z_2$$

$$i_{12}=\frac{n_1}{n_2}=\frac{z_2}{z_1} \tag{5-7}$$

因此，链轮的传动比，即主动链轮与从动链轮转速之比与其齿数成反比，转动方向一致。

任务小结

定义：

靠机件间的摩擦力传递动力和运动类型，包括带传动、绳传动和摩擦轮传动等。

特点：

摩擦轮传动容易实现无级变速，大多能适应轴间距较大的传动场合，过载打滑还能起到缓冲和保护传动装置的作用，但这种传动一般不能用于大功率的场合，也不能保证准确的传动比。

优点：

1. 结构简单，使用及维修方便，适用于两轴中心距较近的传动。
2. 传动时噪声小，并可在运转中变速、变向。
3. 过载时两轮接触处会打滑，因而可防止薄弱零件的损坏，起安全保护作用。

缺点：

1. 不能保证准确的传动比。
2. 传动效率低，不宜传递较大的扭矩，主要适用于高速、小功率传动的场合。

任务二　带传动的基本知识

任务描述

试总结带传动的基本知识有哪些。

任务分析

1. 带传动的主要优点

(1)适用于中心距较大的两轴间的传动。

(2)当过载时，带与带轮间会出现打滑，从而可防止机器中其他零件损坏，起过载保护作用。

(3)带传动结构简单，制造、安装精度要求低，成本低。

(4)带是弹性体，所以能缓和冲击和吸收振动。

2. 带传动的主要不足

(1)由于带与带轮之间存在弹性滑动，所以不能保证有准确的传动比。

(2)传动的外廓尺寸较大。

(3)带的寿命较短。

(4)传动效率低。

(5)由于带与带轮间有较大压力，所以带轮对轴产生较大的轴压力。

知识准备

5.2.1　带传动的主要类型

根据工作原理的不同，带传动分为摩擦型和啮合型两大类。摩擦带传动是靠带与带轮间的摩擦力传递运动和动力的，按带的截面形状又可分为平带传动[图 5 - 4(a)]、V 带传动[图 5 - 4 (b)]、多楔带传动[图 5 - 4 (c)]以及圆带传动[图 5 - 4 (d)]等类型。

(a)　(b)　(c)　(d)

图 5 - 4　摩擦带传动

1. 平带传动

平带传动结构简单，带轮制造方便，平带质轻且挠性好，故多用于高速和中心距较大的传动。

(1)平带的主要类型

皮革平带、帆布芯平带、编织平带和复合平带等。其中以帆布芯平带(以帆布为抗拉体的平带)使用最为广泛。

(2)平带常用的接头方式

胶合、缝合、铰链带扣等(图 5 - 5)。经胶合或缝合的接头，传动时冲击小，传动速度可以高一些。铰链带扣式接头传递的功率较大，但传动速度不能太高，以免引起强烈的冲击和振动。当传动速度高时($v \geq 25$ m/s)，可应用轻而薄的高速平带，高速平带无接头；传递功率较小时可用编织平带(编织平带是由纤维线编织成的无接头平带)；传递功率较大时可采用由锦纶片或涤纶绳做承载层、工作面贴鞣革或挂胶帆布的无接头复合平带。

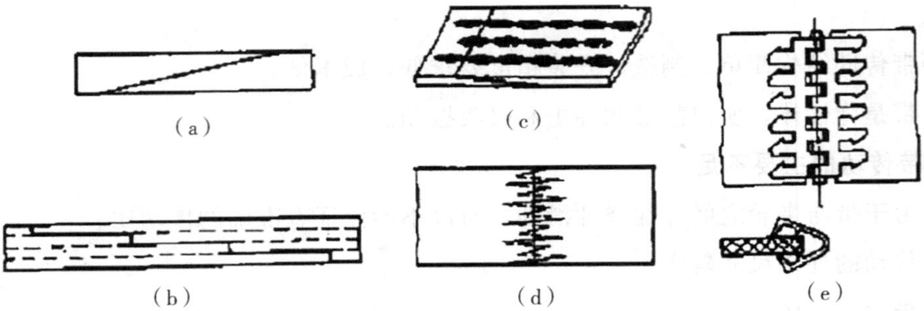

图 5 - 5　平带常用的接头方式

(a)皮革平带的胶合　(b)帆布芯平带的胶合　(c)用皮条缝合

(d)用肠弦缝合　(e)铰链带扣

2. V 带传动

(1)平带和 V 带传动受力比较

如图 5 - 6 所示，设平带与 V 带的张紧力 F_Q 相同，平带与轮面间的极限摩擦力为

$$F_f=F_Nf=F_Qf$$

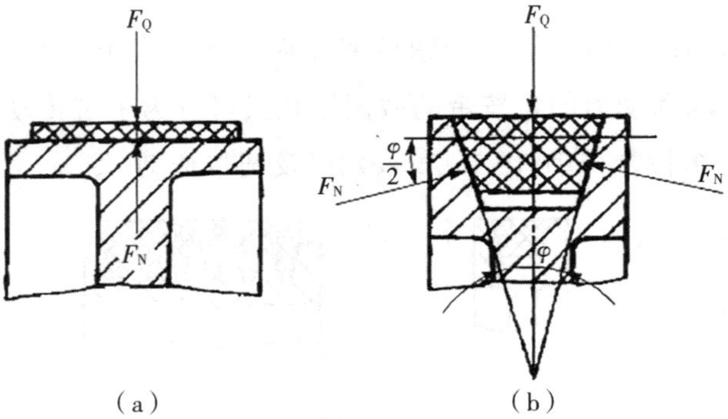

图 5 - 6　平带和 V 带传动受力比较

而 V 带两侧与轮槽间的极限摩擦力为

$$F_f'=2F_Nf$$

根据静力平衡原理

$$F_N=\frac{F_Q}{2\sin\frac{\varphi}{2}}$$

所以

$$F_f'=\frac{F_Qf}{\sin\frac{\varphi}{2}}=f_vF_Q$$

式中：f——摩擦系数；

f_v——当量摩擦系数，其值 $f_v=\dfrac{f}{\sin\frac{\varphi}{2}}$；

F_Q——张紧力；

φ——轮槽夹角，通常 φ 有 32°、34°、36°、38°四种。

因 $\sin\frac{\varphi}{2}<1$，所以 $f_v>f$，故其他条件相同时，V 带传动所产生的摩擦力比平带传动大。当 $\varphi=38°$时，V 带传动的承载能力是平带传动的 3 倍，故在一般机械中已取代平带传动。

(2)V 带的结构和标准

V 带通常是无接头的环形带，按其宽度和高度相对尺寸的不同，又分为普通 V 带、窄 V 带、宽 V 带、联组 V 带、齿形 V 带、汽车 V 带、大楔角 V 带、农机双面 V 带等十余种，其中普通 V 带应用最广，窄 V 带应用也日益广泛。本节主要讨论普通 V 带传动的结构特点。

V 带是横截面为等腰梯形或近似为等腰梯形的传动带，其工作面为两侧面。V 带的结构如图 5 - 7 所示，由包布、顶胶、抗拉体和底胶四部分组成，包布用挂胶帆布，顶胶和底胶材料为橡胶，抗拉体是带工作时的主要承载部分，结构有绳芯和帘布芯两种。

帘布芯结构的 V 带抗拉体强度较高，制造较方便；绳芯结构的 V 带柔韧性好，抗弯强度高，但拉伸强度低，仅适用于载荷不大、小直径带轮和转速较高的场合。包布层用胶帆布制成，对 V 带起保护作用。

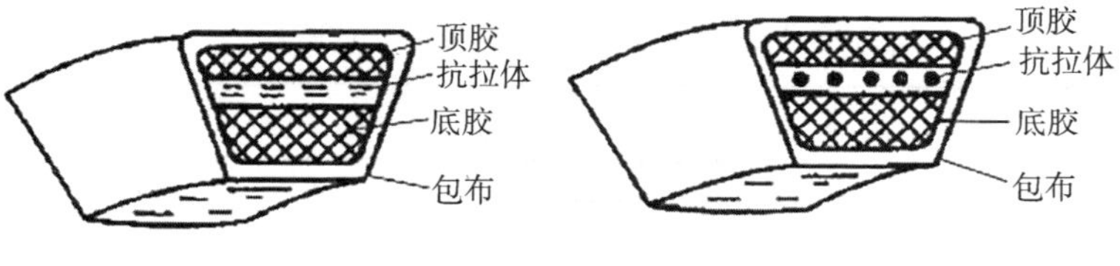

(a)帘布芯结构　　(b)绳芯结构

图 5 - 7　V 带的结构

V 带的尺寸已标准化 GB/T 13575.1-2022，按截面尺寸自小到大，普通 V 带分为 Y、Z、A、B、C、D、E 七种型号；窄 V 带有 SPZ、SPA、SPB、SPC 四种型号，如表 5 - 1 所示。

V 带绕在带轮上产生弯曲，外层受拉伸长，内面受压缩短，必有一长度不变的中性层。

中性层面称为节面，节面的宽度称为节宽 b_P。

如表 5 - 2 中所示，V 带轮上，与配用 V 带节面处于同一位置的槽形轮廓宽度称为基准宽度 b_d。基准宽度处的带轮直径称为基准直径 d_d。在规定的张紧力下，V 带位于带轮基准直径上的周线长度作为带的基准长度 L_d。普通 V 带基准长度 L_d 的标准系列值和每种型号带的长度范围如表 5 - 3 所示。

V 带两侧工作面的夹角 α 被称为带的楔角，$\alpha=40°$。当带工作时，V 带的横截面积变形，楔角变小，为保证变形后 V 带仍可贴紧在 V 带轮的轮槽两侧面上，应将轮槽楔角

φ 适当减小，如表 5 - 2 所示。

表 5 - 1　V 带截面尺寸(摘自 GB/T 13575.1-2022)

V 带截面示意图	型号		节宽 b_p	顶宽 b	高度 h	质量 q/(kg · m^{-1})	楔角
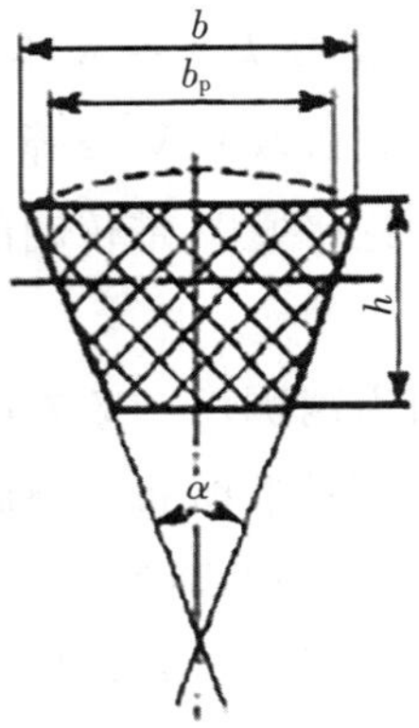	普通 V 带	Y	5.3	6.0	4.0	0.04	$\alpha=40°$
		Z	8.5	10.0	6.0	0.06	
		A	11.0	13.0	8.0	0.10	
		B	14.0	17.0	11.0	0.17	
		C	19.0	22.0	14.0	0.30	
		D	27.0	32.0	19.0	0.60	
		E	32.0	38.0	23.0	0.87	
	窄 V 带	SFZ	8.5	10.0	8.0	0.07	$\alpha=40°$
		SPA	11.0	13.0	10.0	0.12	
		SPB	14.0	17.0	14.0	0.20	
		SPC	19.0	22.0	18.0	0.37	

表 5 - 2　普通 V 带轮轮槽尺寸(mm)

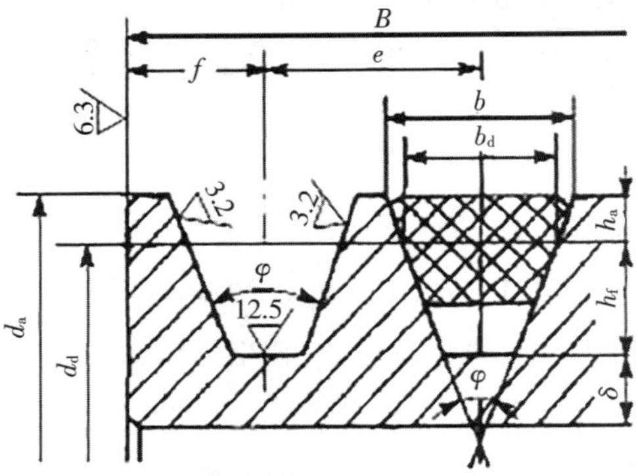

项目	符号	Y	Z	A	B	C	D	E
基准下槽深	$h_{f\,min}$	4.7	7	8.7	10.8	14.3	19.9	23.4
基准上槽深	$h_{a\,min}$	1.6	2.0	2.7	3.5	4.8	8.1	9.6
槽间距	e	8±0.3	12±0.3	15±0.3	19±0.4	25.5±0.5	37±0.6	44.5±0.7
槽边距	f	6	7	9	11.5	16	23	28
基准宽度	b_d	5.3	8.5	11.0	14.0	19.0	27.0	32.0
最小轮缘宽	δ_{min}	5	5.5	6	7.5	10	12	15

续　表

带轮宽	B			$B=(z-1)e=2f$（z 为轮槽数）						
轮槽角	φ	32°	d_d /mm	≤60	—	—	—	—	—	—
		34°		—	≤80	≤118	≤190	≤315	—	—
		36°		>60	—	—	—	—	≤475	≤600
		38°		—	>80	>118	>190	>315	>475	>600

表 5-3　普通 V 带基准长度（摘自 GB/T 13575.1-2022）（mm）

型号	Y	Z	A	B	C	D	E
V 带基准长度	200	406	630	930	1565	2740	4660
	224	475	700	1000	1760	3100	5040
	250	530	790	1100	1950	3330	5420
	280	625	890	1210	2195	3730	6100
	315	700	990	1370	2420	4080	6850
	355	780	1100	1560	2715	4620	7650
	400	920	1250	1760	2880	5400	9150
	450	1080	1430	1950	3080	6100	12230
	500	1330	1550	2180	3520	6840	13750
		1420	1640	2300	4060	7620	15280
		1540	1750	2500	4600	9140	16800
			1940	2700	5380	10700	
			2050	2870	6100	12200	
			2200	3200	6815	13700	
			2300	3600	7600	15200	
			2480	4060	9100		
			2700	4430	10700		
				4820			
				5370			
				6070			

3. 多楔带传动

如图 5-4(c)所示，多楔带是在绳芯结构平带的基体下接有若干纵向三角形楔的环形带，工作面为楔的侧面。这种带兼有平带挠性好和 V 带摩擦力较大的优点。与普通 V 带传动相比，在传动尺寸相同时，多楔带传动的功率可增大 30%，且克服了 V 带传动时各根带受力不均的缺点，传动平稳，效率高，故适用于传递功率较大且要求结构紧凑的场合，特别是要求 V 带根数较多或轮轴垂直于地面的传动。

4. 圆带传动

如图 5－4(d)所示，圆带的横截面呈圆形。圆带传动仅用于载荷很小的传动，如用于缝纫机和牙科医疗器械上。

5. 啮合型带传动

如图 5－8 所示为啮合型带传动，依靠带内侧齿与带轮轮齿的啮合来传递运动和动力，这种带传动被称为同步带传动。它除了保持了摩擦带传动的优点外，还具有传递功率大、传动比准确等特点，故多用于要求传动平稳、传动精度较高的场合。

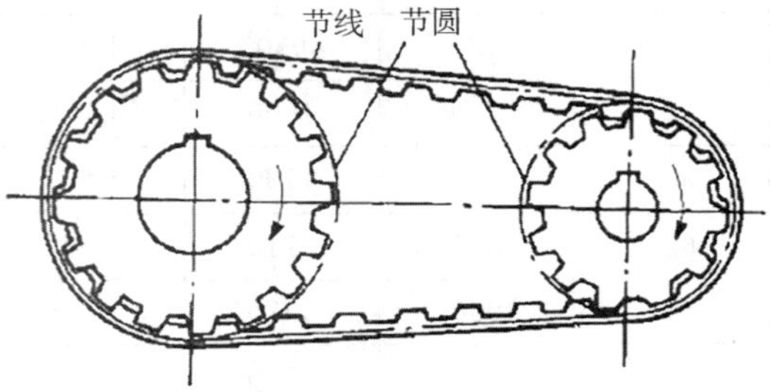

图 5－8　啮合型带传动

5.2.2　带传动的特点

摩擦型带传动为具有中间挠性体的摩擦传动，特点如下：

(1)带具有弹性，能缓冲吸振，传动平稳，无噪声。

(2)过载时，传动带会在带轮上打滑，可防止其他零件损坏，起过载保护作用。

(3)结构简单，维护方便，无须润滑，且制造和安装精度要求不高。

(4)单级可实现较大中心距的传动。

(5)缺点是传动比不准确，传动效率较低，带的寿命较短；外廓尺寸、带作用于轴的力等均较大，不宜用在高温、易燃及有油、水的场合。

摩擦型带传动一般适用于中小功率、传动平稳、无须保证准确传动比的远距离场合。在多级减速传动装置中，带传动通常置于与电动机相连的高速级。

由于啮合带传动中的同步带传动能保证准确的传动比，其适应的速度范围广($v \leqslant 50$ m/s)，传动比大($i \leqslant 12$)，传动效率高($\eta = 0.98 \sim 0.99$)，传动结构紧凑，故广泛用于电子计算机、数控机床及纺织机械中。啮合带传动中的齿孔带传动，常用于放映机、打印机中，以保证同步运动。

任务小结

带传动具有结构简单、传动平稳、能缓冲吸振、可以在大的轴间距和多轴间传递动力，且造价低廉、无须润滑、维护容易等特点，在近代机械传动中应用十分广泛。摩擦型带传动能过载打滑、运转噪声低，但传动比不准确(滑动率在2%以下)；同步带传动可保证传动同步，但对载荷变动的吸收能力稍差，高速运转有噪声。带传动除用来传递动力外，有时也用来输送物料、进行零件的整列等。

根据用途不同，带传动可分为一般工业用传动带、汽车用传动带、农业机械用传动带和家用电器用传动带。摩擦型传动带根据其截面形状的不同又分平带、V带和特殊带(多楔带、圆带)等。

传动带的种类通常是根据工作机的种类、用途、使用环境和各种带的特性等综合选定的。若有多种传动带满足传动需要时，则可根据传动结构的紧凑性、生产成本和运转费用，以及市场的供应等因素，综合选定最优方案。

任务三　带传动的工作情况分析

任务描述

总结带传动的工作情况。

任务分析

传动带也被称为输送带，是传动带系统中的传动介质。传动带系统属于传动系统中的一种，系统包括两个或多个滑轮，上面有传动带，滑轮可以无限制地旋转驱动传动带行进。滑轮中会有一个或多个有动力驱动，让传动带行进，并且带着传动带上传动的材料行进。有动力驱动的滑轮被称为驱动滑轮，其余的则被称为惰轮。工业应用传动带的场合有两种：工厂中将输送材料或物体放在盒子或是托盘中的材料处理，输送大量物资或是农产品(例如粮食、食盐、煤、矿石、沙等)的散料处理。

知识准备

5.3.1　带传动的受力分析与打滑

传动带安装时必须紧套在带轮上。传动带由于张紧而使上下两边所受到的相等拉力为初拉力，用 F_0表示。传动带未承载时，带两边的拉力都等于初拉力 F_0，工作时，主动轮1在转矩 T_1的作用下以转速 n_1转动；由于摩擦力的作用，驱动从动轮2克服阻力矩

T_2，并以转速 n_2 转动。此时两轮作用在带上的摩擦力方向如图 5-9 所示，进入主动轮一边的带进一步被拉紧，即紧边，拉力由 F_0 增至 F_1；离开主动轮一边的带被放松，即松边，拉力由 F_0 减少到 F_2。紧边和松边的拉力差值(F_1-F_2)即带传动的有效圆周力，用 F 表示。有效圆周力在数值上等于带与带轮接触面上摩擦力值的总和 $\sum F_f$，即

$$F=(F_1-F_2)=\sum F_f$$

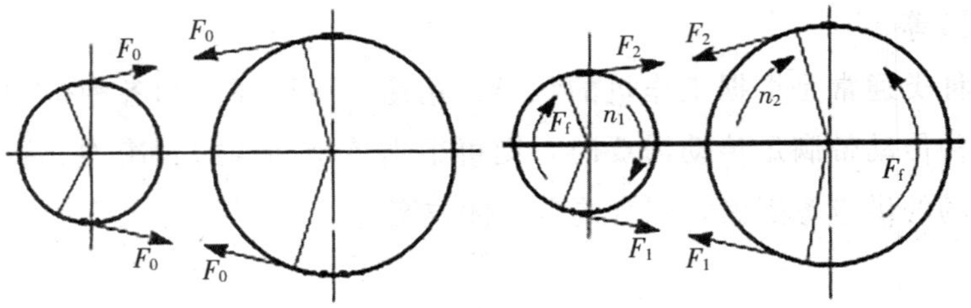

图 5-9　带传动的受力分析

当初拉力 F_0 一定时，带与轮面间摩擦力值的总和有一个极限值为 $\sum F_{flim}$。当传递的有效圆周力 F 超过极限值 $\sum F_{flim}$ 时，带将在带轮上发生全面滑动，这种现象被称为打滑。打滑将使带的磨损加剧，传动效率降低，以至于传动失效，所以应予以避免。

由分析可知，带传动所能传递的最大圆周力与初拉力 F_0、摩擦因数 f 和包角 α 等有关，而 F_0 不能太大，否则会降低传动带寿命。包角 α 增加，带与带轮之间的摩擦力总和增加，从而提高了传动的能力。因此，设计时为了保证带具有一定的传动能力，要求小带轮上的包角 $\alpha_1 \geqslant 120°$。

5.3.2　带传动的应力分析与疲劳强度

带传动工作时，在带的横截面上存在三种应力。

1. 两边拉力产生的拉应力

紧边拉应力　　$$\sigma_1=\frac{F_1}{A} \tag{5-8}$$

松边拉应力　　$$\sigma_1=\frac{F_2}{A} \tag{5-9}$$

式中：σ_1、σ_2——紧边拉应力和松边拉应力；

F_1、F_2——紧边拉力和松边拉力；

A——带的横截面积。

2. 离心力产生的拉应力

带在带轮上做圆周运动时，由于离心力作用于全部带长，它产生的离心应力为

$$\sigma_c=\frac{F}{A}=\frac{qv^2}{a} \tag{5-10}$$

式中：σ_c——离心力产生的拉应力；

q——每米带长的质量；

V——带速。

3. 由弯曲产生的弯曲应力

带绕在带轮上的部分由于弯曲变形产生的弯曲应力。V 带外层处的弯曲应力最大。由材料力学公式可得弯曲应力

$$\sigma_b \approx \frac{2Eh_a}{d_d} \tag{5-11}$$

式中：σ_b——弯曲应力；

E——带的弹性模量；

h_a——带的最外层到节面的距离；

d_d——带轮的基准直径。

由式(5-11)可知，当 h_a 越大，d_d 越小时，带的弯曲应力 σ_b 就越大。如果带传动的两个带轮直径不同，则带绕上小带轮时弯曲应力更大。为了防止弯曲应力过大，对每种型号的 V 带都规定了相应的最小带轮基准直径 d_{d1min}，见表 5-4 。

表 5-4　V 带轮的最小直径 $d_{d1\ min}$ (mm)

V 带型号	Y	Z	A	B	C	D	E
$d_{d1\ min}$	20	50	75	125	200	355	500
推荐直径	≥28	≥71	≥100	≥140	≥200	≥355	≥500

带工作时，传动带中各截面的应力分布如图 5-10 所示，最大应力发生在紧边刚绕入主动轮处，其值为

$$\sigma_{max} = \sigma_1 + \sigma_2 + \sigma_{b1} \tag{5-12}$$

式中：σ_{max}——带的最大应力；

σ_{b1}——小带轮上的弯曲应力。

由于带是在变应力状态下工作的，当应力循环次数达到一定值时，带就会发生脱层、撕裂，最后导致疲劳断裂而失效。

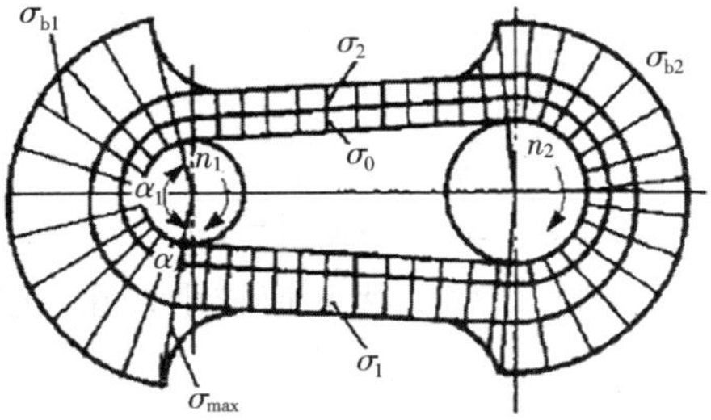

图 5-10　带的应力分布图

5.3.3 带传动的弹性滑动及其传动比

由于带是弹性体，受力后将会产生弹性变形，且紧边拉力 F_1 大于松边拉力 F_2，因此紧边的伸长率大于松边的伸长率。如图 5 - 11 所示，当主动带轮靠摩擦力使带一起运转时，(带轮从 A_1 点转到 B_1 点。由于带缩短 Δl，原来应与带轮 B_1 重合的点滞后 Δl，只能运动到近 $B_1{}'$ 点，)因此带的速度 v 略小于带轮的速度 v_1。同理，当带使从动带轮运转时，由于带的拉力由 F_2 逐渐增大至 F_1，带伸长 Δl（设带总长不变），带的 $B_2{}'$ 点超越从动带轮的相应点 B_2，即带的速度 v 略大于带轮的速度 v_2。

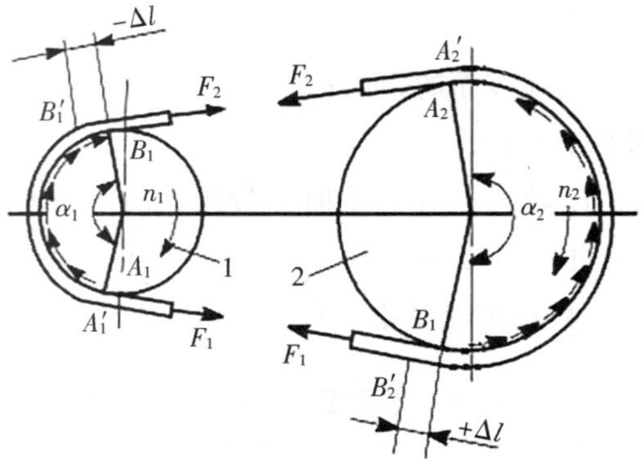

图 5 - 11　带传动的弹性滑动

这种由于带两边拉力不相等致使两边弹性变形不同，从而引起带与带轮间的滑动被称为带传动的弹性滑动。它是摩擦带传动中不可避免的现象。

由于弹性滑动引起的从动轮圆周速度的降低程度可用滑动率 ε 来表示，即

$$\varepsilon=\frac{(v_1-v_2)}{v_1}=\frac{\pi d_{d1}n_1-\pi d_{d2}n_2}{\pi d_{d1}n_1}=1-\frac{d_{d2}n_2}{d_{d1}n_1} \tag{5 - 13}$$

从动轮转速的计算式为

$$n_2=\frac{n_1 d_{d1}}{d_{d2}}(1-\varepsilon) \tag{5 - 14}$$

式中：v_1、v_2—— 分别为主动带轮和从动带轮的转速；

d_{d1}、d_{d2}——分别为主动带轮和从动带轮的基准直径；

n_1、n_2——分别为主动带轮和从动带轮的转速。

带传动实际传动比 i 的计算式为

$$i=\frac{n_1}{n_2}=\frac{d_{d2}}{d_{d1}(1-\varepsilon)} \tag{5 - 15}$$

通常带传动的滑动率 $\varepsilon=0.01\sim0.02$。因 ε 值较小，在一般的计算中可不考虑，此时传动比计算式可简化为

$$i=\frac{n_1}{n_2}=\frac{d_{d2}}{d_{d1}} \tag{5 - 16}$$

任务小结

1. 带传动的优缺点

(1)优点

传动平稳、缓冲吸振、结构简单、成本低、使用及维护方便、有良好的挠性和弹性、过载打滑。

(2)缺点

传动比不准确、带寿命低、轴上载荷较大、传动装置外部尺寸大、效率低。

因此，带传动常适用于大中心距、中小功率、带速 $v=5\sim25$ m/s、$i\leqslant7$ 的情况。

2. 带传动的功率损失

(1)滑动损失

摩擦型带传动工作时，由于带轮两边的拉力差及其相应的变形差形成弹性滑动，导致带与从动轮的速度损失。弹性滑动率通常在1%～2%之间。严重滑动，特别是过载打滑，会使带的运动处于不稳定状态，效率急剧降低，磨损加剧，严重影响带的寿命。滑动损失随紧、松边拉力差的增大而增大，随带体弹性模量的增大而减小。

(2)内摩擦损失

带在运行中的反复伸缩，在带轮上的挠曲会使带体内部产生摩擦引起功率损失。内摩擦损失随预紧力、带厚与带轮直径比的增加而增大。减小带的拉力变化，可减小其内摩擦损失。

(3)带与带轮工作面的黏附性以及V带楔入、退出轮槽的侧面摩擦损失。

(4)空气阻力损失

高速运行时，运行风阻引起的功率损失，其损失与速度的平方成正比。因此设计高速带传动时，应减小带的表面积，尽量用厚而窄的带；带轮的轮辐表面应平滑(如用椭圆轮辐)或用辐板以减小风阻。

(5)轴承摩擦损失

轴承受带拉力的作用，是引起功率损失的重要因素之一。

综合上述损失，带传动的效率约在80%～98%范围内，进行传动设计时，根据带的种类选取。

任务四　V带传动设计

任务描述

设计一铣床电动机与主轴箱之间的V带传动。已知电动机额定功率 $P=4$ kW，转速

$n_l=1440$ r/min，从动轮转速 $n_2=440$ r/min，两班制工作，两轴间距离为 500 mm。

任务分析

V 带传动的设计计算：(1)确定计算功率；(2)选择 V 带的带型；(3)初选小带轮的基准直径；(4)确定中心距；(5)计算实际中心距；(6)验算小带轮上的包角；(7)计算带的根数；(8)确定单根 V 带的初拉力；(9)计算压轴力。

知识准备

5.4.1 带传动的主要失效形式和设计准则

1. 主要失效形式

(1)打滑

当传递的圆周力 F 超过了带与带轮接触面之间摩擦力总和的极限时，发生过载打滑，使传动失效。

(2)疲劳破坏

传动带在变应力的反复作用下，发生裂纹、脱层、松散，直至断裂。

2. 设计准则

保证带传动不发生打滑的前提下，具有一定的疲劳强度和寿命。

5.4.2 V 带传动设计计算和参数选择

普通 V 带传动设计计算时，通常已知传动的用途和工作情况，传递的功率 P，主动轮、从动轮的转速 n_1、n_2(或传动比 i)，传动位置要求和外廓尺寸要求，原动机类型，等等。

设计时主要确定 V 带的型号、长度和根数，带轮的尺寸、结构和材料，传动的中心距，带的初拉力和作用在轴上的压力、V 带的张紧和防护等。

1. 确定计算功率 P_c

$$P_c=K_AP \tag{5-17}$$

式中：P——传动的额定功率；

K_A——工作情况系数(见表 5 - 5)。

2. 选定 V 带的型号

根据计算功率 P_c 和小轮转速 n_1，按图 5 - 12 选择普通 V 带的型号。若临近两种型号的交界线时，可按两种型号同时计算，通过分析比较决定取舍。

3. 确定带轮基准直径 d_{d1}、d_{d2}

表 5 - 5 列出了 V 带轮的最小基准直径，选择小带轮基准直径时，应使 $d_{d1}>d_{d\,lim}$，以减小带内的弯曲应力。

大带轮的基准直径 d_{d2} 由式 6 - 18 确定

$$d_{d2}=id_{d1}(1-\varepsilon) \tag{5-18}$$

然后再按表 5 - 6 选取圆整后的 d_{d2}。

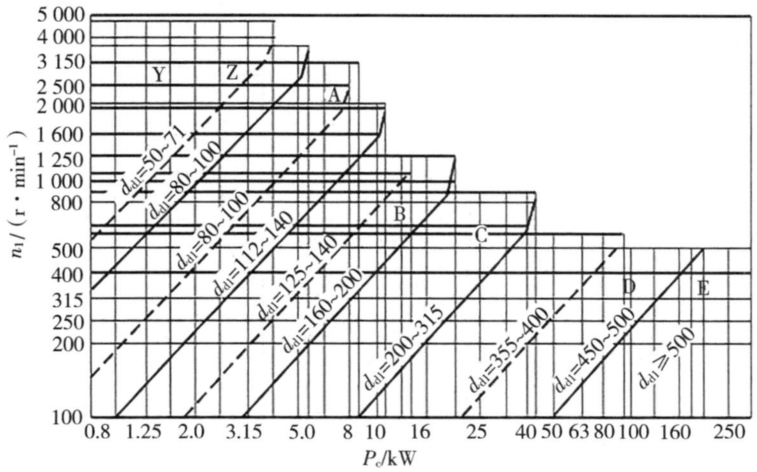

图 5 - 12　普通 V 带型号选择线图

表 5 - 5　工作情况系数 K_A

载荷性质	适用范围	K_A					
		每天工作时间/h					
		空、轻载启动			重载启动		
		<10	10～16	>16	<10	10～16	>16
载荷平稳	液体搅拌机、通风机和鼓风机($P\leqslant7.5$ kW)、离心机水泵和压缩机、轻型输送机	1.0	1.1	1.2	1.1	1.2	1.3
载荷变动小	带式输送机(不均匀载荷)、通风机($P>7.5$ kW)、发电机、金属切削机床、印刷机、冲床、压力机、旋转筛、木工机械	1.1	1.2	1.3	1.2	1.3	1.4
载荷变动较大	制砖机、斗式提升机、往复式水泵和压缩机、起重机、摩擦机、冲剪机床、橡胶机械、振动筛、纺织机械、重型输送机、木材加工机械	1.2	1.3	1.4	1.4	1.5	1.6
载荷变动很大	破碎机、摩擦机、卷扬机、橡胶压延机、出机	1.3	1.4	1.5	1.5	1.6	1.8

注：(1)空、轻载启动—电动机(交流启动、△启动、直流并励)，四缸以上的内燃机，装有离心式离合器、液力联轴器的动力机。

(2)重载启动—电动机(联机交流启动、直流复励或串励)，四缸以下的内燃机。

(3)在反复启动、正反转频繁、工作条件恶劣等场合，K_A 应取为表值的 1.2 倍。

表 5-6　带轮基准直径 d_d

d_d/mm	Y	Z	A	B	d_d/mm	Z	A	B	C	D	E
63	*	*			200	*	*	*	*		
71	*	*			212				*		
75		*	*		224	*	*	*	*		
80	*	*	*		236				*		
85			*		250	*	*	*	*		
90	*	*	*		265				*		
95			*		280	*	*	*	*		
100	*	*	*		315	*	*	*	*		
106			*		355	*		*	*	*	
112	*	*	*		375					*	
118			*		400	*	*	*	*	*	
125	*	*	*		425					*	
132			*		450				*	*	
140		*	*		475					*	
150		*	*	*	500	*	*	*	*	*	*
160		*	*	*	530					*	*
170				*	560					*	*
180		*	*	*	630	*	*	*	*	*	*

4. 验算带速 v

见式(5-5)

$$v=\frac{\pi d_{d1} n_1}{60\times1000}$$

带速 v 应控制在 5～25 m/s 的范围内，其中以 10～20 m/s 为最佳。若 $v>25$ m/s，则因带绕过带轮时离心力过大，使带与带轮之间的压紧力减小，摩擦力降低而使传动能力下降；而当 $v<5$ m/s 时，在传递相同功率时带所传递的圆周力增大，使带的根数增加。

5. 确定中心距 a 和基准长度 L_d

由于带是中间挠性件，故中心距可取大些或小些。中心距增大，将有利于增大包角，但太大则使结构外廓尺寸过大，还会因载荷变化引起带的颤动，从而降低其工作能力。若已知条件未对中心距提出具体的要求，一般可按下式初选中心距 a_0，即

$$0.7(d_{d1}+d_{d2})\leqslant a_0\leqslant 2(d_{d1}+d_{d2}) \tag{5-19}$$

如果已给定了中心距，则 a_0 应取给定值。

由初定中心距，再按下式得出初定带的基准长度 L_0

$$L_0=2a_0+\frac{\pi}{2}(d_{d1}+d_{d2})+\frac{(d_{d1}-d_{d2})^2}{4a_0} \tag{5-20}$$

根据初定的 L_0，由表 5-3 选取相近的基准长度 L_d，最后按式(5-21)近似计算实际所需的中心距

$$a\approx a_0+\frac{L_d-L_0}{2} \tag{5-21}$$

考虑安装、调整和补偿张紧力的需要，中心距应有一定的调整范围

$$a_{min}=a-0.015L_d$$

$$a_{max}=a+0.03L_d$$

6. 验算小轮包角 α_1

$$\alpha_1=180°-\frac{d_{d2}-d_{d1}}{a}\times 57.3° \tag{5-22}$$

一般要求 $\alpha_1\geqslant 120°$，若 α_1 过小，可加大中心距或增设张紧轮。

7. 确定带的根数 Z

$$Z=\frac{P_c}{(P_0+\Delta P_0)K_\alpha K_L} \tag{5-23}$$

式中：P_0——单根普通 V 带的基本额定功率(表 5-7)；

ΔP_0——传动比 $i\neq 1$ 时的单根普通 V 带额定功率的增量(表 5-7)；

K_α——包角修正系数，考虑 $\alpha_1\neq 180°$时，传动能力有所下降(表 5-8)；

K_L——带长修正系数，考虑带长不等于特定长度时对传动能力的影响(表 5-9)。

表 5-7　单根普通 V 带的基本额定功率 P_0 和功率增量 ΔP_0

型号	小带轮转速 n/(r·min^{-1})	小带轮基准直径 d_{d1}/mm								传动比 i					
		单根 V 带的额定功率 P_0/kW								1.13～1.18	1.19～1.24	1.25～1.34	1.35～1.51	1.52～1.99	≥2.00
										额定功率增量 ΔP_0/kW					
A		75	90	100	112	125	140	160	180						
	700	0.40	0.61	0.74	0.90	1.07	1.26	1.51	1.76	0.04	0.05	0.06	0.07	0.08	0.09
	800	0.45	0.68	0.83	1.00	1.19	1.41	1.69	1.97	0.04	0.05	0.06	0.08	0.09	0.10
	950	0.51	0.77	0.95	1.15	1.37	1.62	1.95	2.27	0.05	0.06	0.07	0.08	0.10	0.11
	1200	0.60	0.93	1.14	1.39	1.66	1.96	2.36	2.74	0.07	0.08	0.10	0.11	0.13	0.15
	1450	0.68	1.07	1.32	1.61	1.92	2.28	2.73	3.16	0.08	0.09	0.11	0.13	0.15	0.17
	1600	0.73	1.15	1.42	1.74	2.07	2.45	2.94	3.4	0.09	0.11	0.13	0.15	0.17	0.19
	2000	0.84	1.34	1.66	2.04	2.44	2.87	3.42	3.93	0.11	0.13	0.16	0.19	0.22	0.24

续 表

型号	小带轮转速 n/(r·min^{-1})	小带轮基准直径 d_{d1}/mm								传动比 i					
		单根V带的额定功率 P_0/kW								1.13～1.18	1.19～1.24	1.25～1.34	1.35～1.51	1.52～1.99	≥2.00
										额定功率增量 ΔP_0/kW					
B		125	140	160	180	200	224	250	280						
	400	0.84	1.05	1.32	1.59	1.85	2.17	2.50	2.89	0.06	0.07	0.08	0.1	0.11	0.13
	700	1.30	1.64	2.09	2.53	2.96	3.47	4.00	4.61	0.10	0.12	0.15	0.17	0.20	0.22
	800	1.44	1.82	2.32	2.81	3.30	3.86	4.46	5.13	0.11	0.14	0.17	0.2	0.23	0.25
	950	1.64	2.08	2.66	3.22	3.77	4.42	5.1	5.85	0.13	0.17	0.20	0.23	0.26	0.30
	1200	1.93	2.47	3.17	3.85	4.50	5.26	6.14	6.90	0.17	0.21	0.25	0.30	0.34	0.38
	1450	2.19	2.82	3.62	4.39	5.13	5.97	6.82	7.76	0.20	0.25	0.31	0.36	0.40	0.46
	1600	2.33	3.00	3.86	4.68	5.46	6.33	7.2	8.13	0.23	0.28	0.34	0.39	0.45	0.51
C		200	224	250	280	315	355	400	450						
	500	2.87	3.58	4.33	5.19	6.17	7.27	8.52	9.81	0.20	0.24	0.29	0.34	0.39	0.44
	600	3.30	4.12	5.00	6.00	7.14	8.45	9.82	11.3	0.24	0.29	0.35	0.41	0.47	0.53
	700	3.69	4.64	5.64	6.76	8.09	9.50	11.0	12.6	0.27	0.34	0.41	0.48	0.55	0.62
	800	4.07	5.12	6.23	7.52	8.92	11.4	12.1	13.8	0.31	0.39	0.47	0.55	0.63	0.74
	950	4.58	5.78	7.04	8.49	10.0	11.7	13.4	15.2	0.37	0.47	0.56	0.65	0.74	0.83
	1200	5.29	6.71	8.21	9.81	11.5	13.3	15.0	16.6	0.47	0.59	0.70	0.82	0.94	1.06
	1450	5.84	7.45	9.04	10.7	12.4	14.1	15.3	16.7	0.58	0.71	0.85	0.99	1.14	1.27

表 5-8　包角修正系数 K_α

包角 α/(°)	180	170	160	150	140	130	120	110	100	90
K_α	1.00	0.98	0.95	0.92	0.89	0.86	0.82	0.78	0.74	0.69

表 5 - 9　普通 V 带带长修正系数 K_L

Y L_d	K_L	Z L_d	K_L	A L_d	K_L	B L_d	K_L	C L_d	K_L	D L_d	K_L	E L_d	K_L
200	0.81	405	0.87	630	0.81	930	0.83	1565	0.82	2740	0.82	4660	0.91
224	0.82	475	0.90	700	0.83	1000	0.84	1760	0.85	3100	0.86	5040	0.92
250	0.84	530	0.93	790	0.85	1100	0.86	1950	0.87	3330	0.87	5420	0.94
280	0.87	625	0.96	890	0.87	1210	0.87	2195	0.90	3730	0.90	6100	0.96
315	0.89	700	0.99	990	0.89	1370	0.90	2420	0.92	4080	0.91	6850	0.99
355	0.92	780	1.00	1100	0.91	1560	0.92	2715	0.94	4620	0.94	7650	1.01
400	0.96	920	1.04	1250	0.93	1760	0.94	2880	0.95	5400	0.97	9150	1.05
450	1.00	1080	1.07	1430	0.96	1950	0.97	3080	0.97	6100	0.99	12230	1.11
500	1.02	1330	1.13	1550	0.98	2180	0.99	3520	0.99	6840	1.02	13750	1.15
		1420	1.14	1640	0.99	2300	1.01	4060	1.02	7620	1.05	15280	1.17
		1540	1.54	1750	1.00	2500	1.03	4600	1.05	9140	1.08	16800	1.19
				1940	1.02	2700	1.04	5380	1.08	10700	1.13		
				2050	1.04	2870	1.05	6100	1.11	12200	1.16		
				2200	1.06	3200	1.07	6815	1.14	13700	1.19		
				2300	1.07	3600	1.09	7600	1.17	15200	1.21		
				2480	1.09	4060	1.13	9100	1.21				
				2700	1.10	4430	1.15	10700	1.24				
						4820	1.17						
						5370	1.20						
						6070	1.24						

表 5 - 10　窄 V 带带长修正系数

L_d	K_L			
	SPZ	SPA	SPB	SPC
630	0.82			
710	0.84			
800	0.86	0.81		
900	0.88	0.83		
1000	1.90	0.85		
1120	0.93	0.87		
1250	0.94	0.89	0.82	

续 表

L_d	K_L			
	SPZ	SPA	SPB	SPC
1400	0.96	0.91	0.84	
1600	1.00	0.93	0.86	
1800	1.01	0.95	0.88	
2000	1.02	0.96	0.90	0.81
2240	1.05	0.98	0.92	0.83
2500	1.07	1.00	0.94	0.86
2800	1.09	1.02	0.96	0.88
3150	1.11	1.04	0.98	0.90
3550	1.13	1.06	1.00	0.92
4000		1.08	1.02	0.94
4500		1.09	1.04	0.96
5000			1.06	0.98
5600			1.08	1.00
6300			1.10	1.02
7100			1.12	1.04
8000			1.14	1.06
9000				1.08
10000				1.10
11200				1.12
12500				1.14

带的根数 Z 不应过多，否则会使各带受力不均匀，通常 $Z<8$ 且为整数。

8. 确定初拉力 F_0 并计算作用在轴上的压力 F_Q

保持适当的初拉力是带传动工作的首要条件。初拉力不足，极限摩擦力小，传动能力下降；初拉力过大，将增大作用在轴上的压力并降低带的寿命。单根普通 V 带合适的初拉力 F_0 可按式(5 - 24)计算

$$F_0=\frac{500P_c}{Zv}\left(\frac{2.5}{K_\alpha}-1\right)+qv^2 \tag{5 - 24}$$

式中：v——带速；

q——每米带长的质量。

F_Q可近似地按带两边的预拉力 F_0的合力来计算。由图 5 - 13 可得，作用在轴上的

压力 F_Q 为

$$F_Q = 2ZF_0 \sin\frac{\alpha_1}{2} \tag{5-25}$$

式中各符号的意义同前。

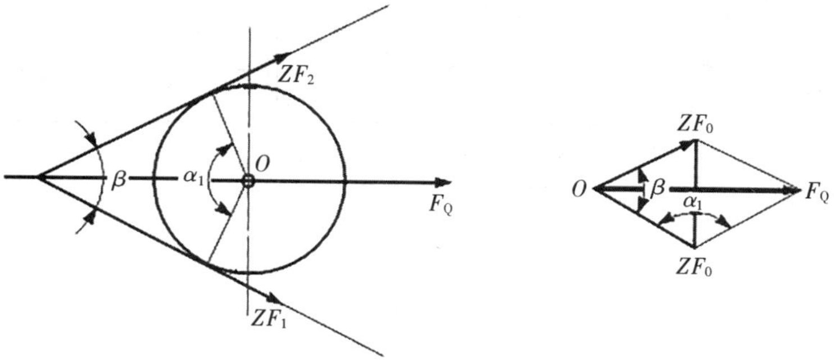

图 5 - 13　带作用在轴上的压力

9. V 带轮的材料和结构

V 带轮常用材料有灰铸铁、铸钢、铝合金、工程塑料等，其中灰铸铁应用最广，当带速小于或等于 30 m/s 的带传动，带轮一般为 HT150 或 HT200 制造。带速更高或特别重要的场合可采用铸钢。铝合金和塑料带轮多用于小功率的带传动。

普通 V 带轮一般由轮缘、轮毂及轮辐组成。轮缘截面上轮槽尺寸见表 5 - 2；根据带轮直径的大小，普通 V 带轮共有实心式(图 5 - 14)、辐板式(图 5 - 15)、孔板式(图 5 - 16)、椭圆轮辐式(图 5 - 17)四种类型。V 带轮的结构形式可根据 V 带型号、带轮的基准直径和轴孔直径，按《机械设计手册》提供的图表选取。

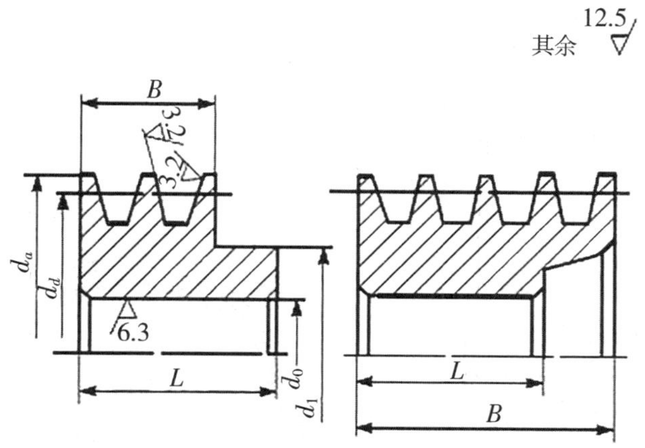

图 5 - 14　实心 V 带轮

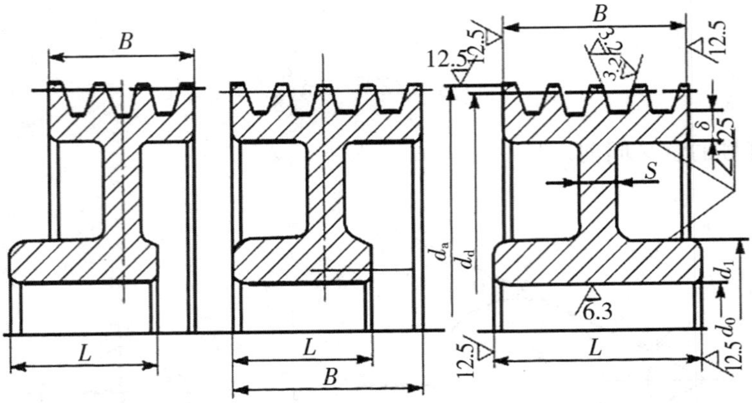

图 5 - 15　辐板 V 带轮

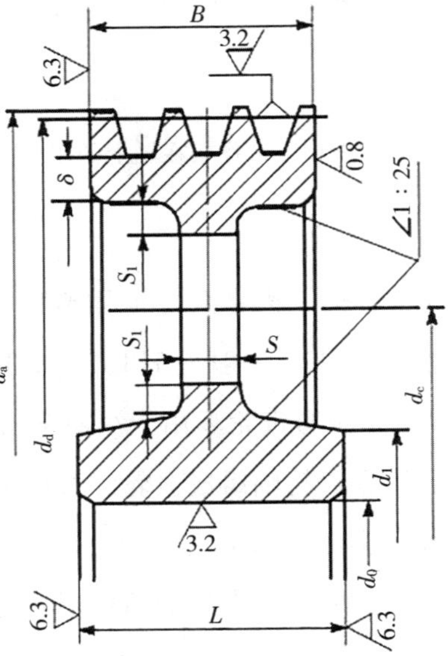

图 5 - 16　孔板 V 带轮

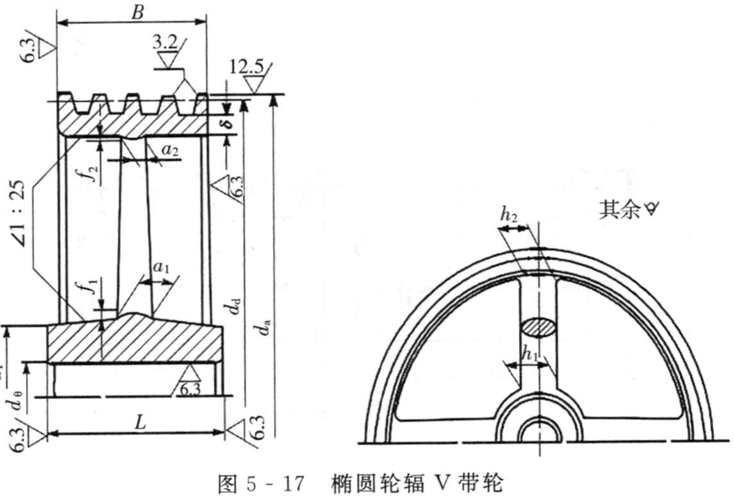

图 5 - 17　椭圆轮辐 V 带轮

图 5 - 14、图 5 - 15、图 5 - 16、图 5 - 17 中：

$$d_1=(1.8-2)d_0 \quad L=(1.5-2)d_0 \quad S_1\geqslant 0.5S \quad h_1=290\left(\frac{P}{nA}\right)^{\frac{1}{3}}$$

式中：P——传递的功率；

n——带轮转速；

A——轮辐数。

$h_2=0.8h_1$；$a_1=0.14h_1$；$a_2=0.8a_1$；$f_1=0.2h_1$；$f_2=0.2h_2$。

S_{min}值见表 5 - 10。

表 5 - 11　S_{min}值

型号	Z	A	B	C	D	E
S_{min}/mm	6	10	14	18	22	28

带轮的基准直径 $d_d\leqslant 2.5d$（d 为带轮轴的直径）时，可采用实心式；$d_d\leqslant 300$ mm 时，可采用辐板式；$d_d-d_1\geqslant 100$ mm 时，可采用孔板式；$d_d>300$ mm 时，可采用轮辐式。

任务小结

序号	计算项目	计算内容	计算结果
1	计算功率	$P_c=K_AP=1.2\times 4$ kW 由表 5 - 5 确定 K_A	$K_A=1.2$ $P_c=4.8$ kW
2	选择带型	根据 $P_c=4.8$ kW 和 $n_1=1440$ r/min 由图 5 - 12 选取	A 型
3	确定带轮基准直径	由表 5 - 4 确定 d_{d1} $d_{d2}=id_{d1}(1-e)=\frac{1440}{400}\times 100\times(1-0.02)$ 查表 5 - 6 取标准值	$d_{d1}=100$ mm $d_{d2}=353$ mm
4	验算带速	$v=\frac{\pi d_{d1}n_1}{60\times 1000}=\frac{\pi\times 100\times 1440}{60\times 1000}=7.54$ m/s	因为 5 m/s$<v<$25 m/s， 故符合要求
5	验算带长	初定中心距 $a_0=500$ mm $L_0=2a_0+\frac{\pi}{2}(d_{d1}+d_{d2})+\frac{(d_{d2}-d_{d1})^2}{4a_0}$ $=2\times 500+\frac{\pi(100+353)}{2}+\frac{(353-100)^2}{4\times 500}$ $=1743.2$ mm 由表 5 - 9 选取相近的 $L_d=1800$ mm	$L_d=1800$ mm

续　表

序号	计算项目	计算内容	计算结果
6	确定中心距	$a\approx a_0+\dfrac{L_d-L_0}{2}=500+\dfrac{1800-1743.2}{2}=528.4$ mm $a_{\min}=a-0.015L_d=528.4-0.015\times1800=501.4$ mm $a_{\max}=a+0.03L_d=528.4+0.03\times1800=582.4$ mm	$a=528.4$ mm
7	验算小带轮包角	$\alpha_1=180^\circ-\dfrac{d_{d2}-d_{d1}}{a}\times57.3^\circ=$ $180^\circ-57.3^\circ\times\dfrac{353-100}{526}=152.44^\circ$	$\alpha_1>120^\circ$，故符合要求
8	单根V带传递的额定功率	根据 d_{d1} 和 n_1，查表5-7得 $P_0=1.4$ kW	$P_0=1.4$ kW
9	单根V带的额定功率增量	查表5-7得 $\Delta P_0=0.17$ kW	$\Delta P_0=0.17$ kW
10	确定带的根数	查表5-8得 $K_\alpha=0.93$　查表5-9得 $K_L=1.01$ $Z=\dfrac{P_c}{(P_0+\Delta P_0)K_\alpha K_L}=\dfrac{4.8}{(1.4+0.17)\times0.93\times1.01}=3.25$	取 $Z=3$
11	单根V带的初拉力	查表5-1得 $q=0.10$ kg/m $F_0=\dfrac{500P_c}{Zv}\left(\dfrac{2.5}{K_\alpha}-1\right)+qv^2$ $=500\left(\dfrac{2.5}{0.93}-1\right)\left(\dfrac{4.8}{3\times7.54}\right)+0.10\times7.54^2$ $=184.8$ N	$F_0=184.8$ N
12	作用在轴上的力	$F_Q=2ZF_0\sin\dfrac{\alpha_1}{2}=2\times3\times184.8\sin\dfrac{152.22^\circ}{2}=1076.4$ N	$F_Q=1076.4$ N
13	带轮的结构和尺寸	选取小带轮为实心式，其结构和尺寸由图5-14和表5-2计算确定，画出小带轮工作图，见图5-18	

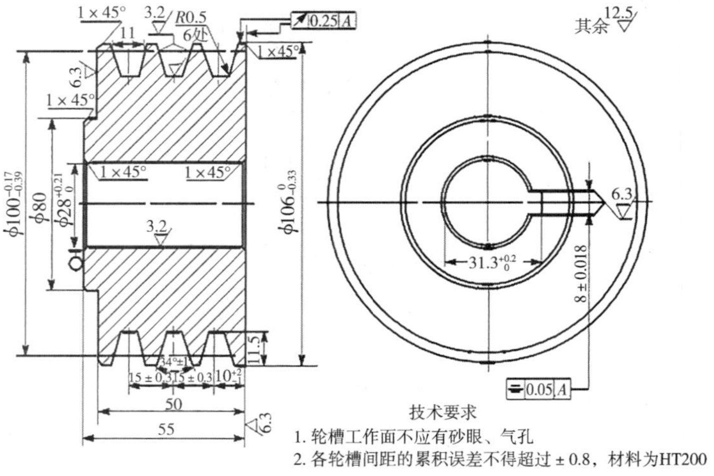

图5-18　小带轮工作图

任务五　带传动的张紧、安装与维护

任务描述

总结带传动的张紧、安装与维护的方法有哪些。

任务分析

传动带是将原动机的电机或发动机旋转产生的动力，通过带轮由胶带传导到机械设备上，故又称之为动力带。

传动带通过摩擦来传递动力，因此传动带要调整张紧力以获得合适的摩擦力。通过调整传动带的张紧度可以调整传动带和皮带轮之间的摩擦力，传动带的张紧度是靠张紧轮进行调整的(没张紧轮装置就直接调整轮距)。皮带过紧会使皮带磨损严重，过松则易产生打滑现象，使皮带严重磨损甚至烧坏。一般两轮距离 1 米左右时，用手指按压三角带中部，应垂直下降 10～20 毫米。皮带使用中应检查皮带的张紧度，并随时进行调整。

知识准备

5.5.1　V 带传动的张紧

带在初始安装时需要张紧，并且在工作一段时间后会因带的松弛而需要重新张紧，以保证带传动的传动能力。常用的张紧方法有以下几种。

1. 调整中心距

如图 5 - 19(a)所示，通过调节螺钉 2，使电动机在滑道 1 上移动，直到所需位置；如图 5 - 19(b)所示，通过螺栓 4 调节摆动架 3(电动机轴中心)的位置，起到张紧的作用；也可依靠电动机和机架的自重使电动机摆动实现自动张紧，见图 5 - 20。

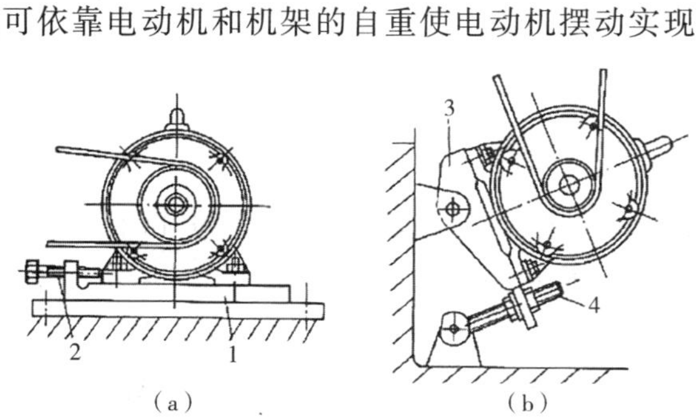

图 5 - 19　调整中心距张紧装置

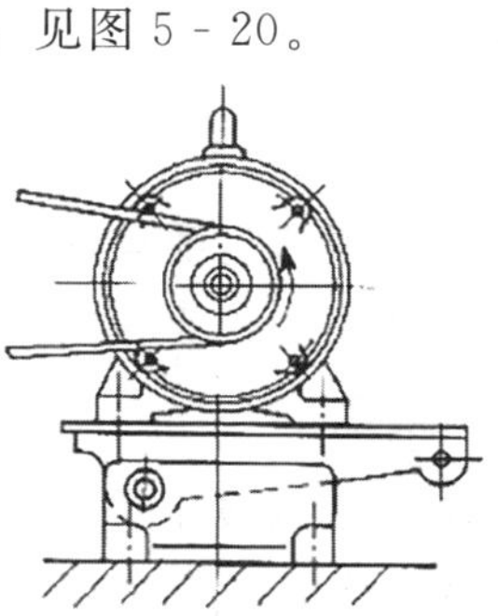

图 5 - 20　自动张紧装置图

2. 使用张紧轮

中心距不可调时，可采用张紧轮装置，如图 5 - 21 所示。张紧轮一般布置在松边内侧，使带只受单向弯曲，同时张紧轮应尽量靠近大带轮，以减小对小带轮包角的影响。

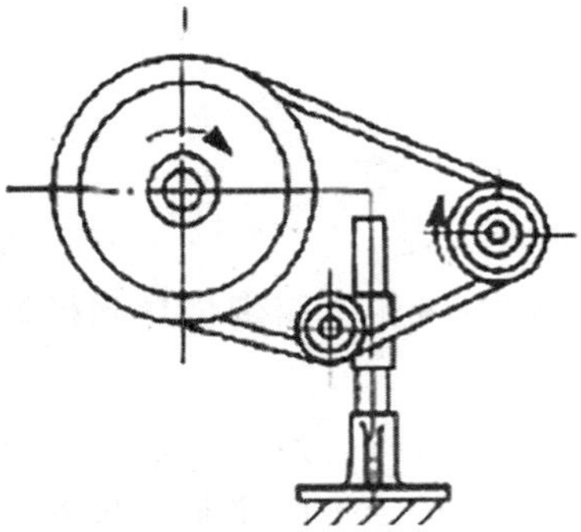

图 5 - 21　张紧轮装置

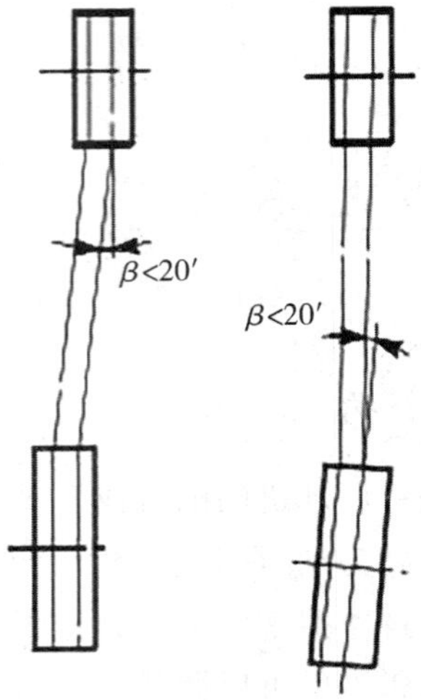

图 5 - 22　V 带轮的安装位置

5.5.2　V 带传动的安装和维护

(1)安装 V 带时，先将中心距缩小后将带套入，然后慢慢调整中心距，直至张紧。

(2)安装 V 带时，两带轮轴线应相互平行，各带轮相对应的轮槽的对称平面应重合，其偏角误差不得超过 20′，如图 5 - 22 所示。

(3)对于多根 V 带传动，要选择公差值在同一档次的带配成一组使用，以免各带受力不均匀。

(4)新旧带不能同时混合使用，更换时，要求成组更换。

(5)定期对 V 带进行检查，以便及时调整中心距或更换 V 带。

(6)为了保证安全，带传动应加防护罩，同时应防止油、酸、碱等对 V 带的腐蚀。

任务小结

1. V 带张紧程度要合适

安装 V 带时，应先将两带轮中心距缩小，将带套入，然后慢慢调整中心距，用大拇指按在带中间部位 15 mm 左右，带的张紧程度为合适。

2. 两带轮轴线应平行

两轮槽对称中心面应重合，若有偏差，偏角误差要小于 20 分。否则，带易发生偏磨，影响传动能力，降低带的使用寿命。

3. V 带在轮槽中要有正确的位置

V 带顶面要与轮槽外缘表面相平齐或略高出，底面与轮槽底部留有一定间隙，以保证带两侧面与轮槽良好接触，增加带传动的工作能力。如果带顶面高出轮槽外缘表面过多，带与轮槽接触面积减小，摩擦力减小，带传动能力下降，如果带顶面过底，底部与轮槽底面接触，则摩擦力锐减，甚至丧失。

4. 使用过程中应定期检查、及时调整

若发现 V 带中有一根出现疲劳裂纹而损坏，要及时全部更换所有 V 带。不同型号、不同新旧的 V 带不能同组使用，也不能随意减少 V 带根数。

5. V 带传动要安装防护装置

为了避免 V 带接触酸、碱、油等腐蚀性物质，防止日光暴晒，使 V 带老化，延长带的使用寿命，V 带传动应安装防护装置。

6. 要定期检查带的张紧程度

V 带传动需要一定的初拉力，工作一段时间后，带会因为塑性变形和磨损而松弛，从而影响带的正常工作，所以带传动要设张紧装置。一是增大两轮中心距，二是加设张紧轮，V 带的张紧轮要安装在松边内靠近大带轮的地方。

任务六　链传动的基本知识

任务描述

总结链传动的基本知识。

任务分析

链传动是通过链条将具有特殊齿形的主动链轮的运动和动力传递到具有特殊齿形的从动链轮的一种传动方式。

链传动有许多优点，与带传动相比，无弹性滑动和打滑现象，平均传动比准确，工作可靠，效率高；传递功率大，过载能力强，相同工况下的传动尺寸小；所需张紧力小，作用于轴上的压力小；能在高温、潮湿、多尘、有污染等恶劣环境中工作。

链传动的缺点主要有：仅能用于两平行轴间的传动，成本高，易磨损，易伸长，传动平稳性差，运转时会产生附加动载荷、振动、冲击和噪声，不宜用在急速反向的传动中。

知识准备

5.6.1 链传动的类型

根据用途的不同，链传动分三大类：

传动链：传动链用于一般机械上动力和运动的传递，通常都在中等速度($v \leqslant 20$ m/s)以下工作。

起重链：起重链用于起重机械提升重物，其工作速度不大于0.25 m/s。

牵引链：牵引链又被称为输送链，用于链式输送机移动重物，其工作速度不大于2～4 m/s。

根据结构的不同，常用的传动链又分短节距精密滚子链(简称滚子链)、套筒链、弯板链和齿形链，如图5-23所示。滚子链结构简单，磨损较轻，故应用较广。齿形链(又称无声链)，它传动平稳，噪声小，承受冲击性能好，工作可靠等优点，但结构复杂、质量大、价格高、制造较困难，故多用于高速(链速可达40 m/s)或运动精度要求较高的传动装置中。本节只讨论滚子链。

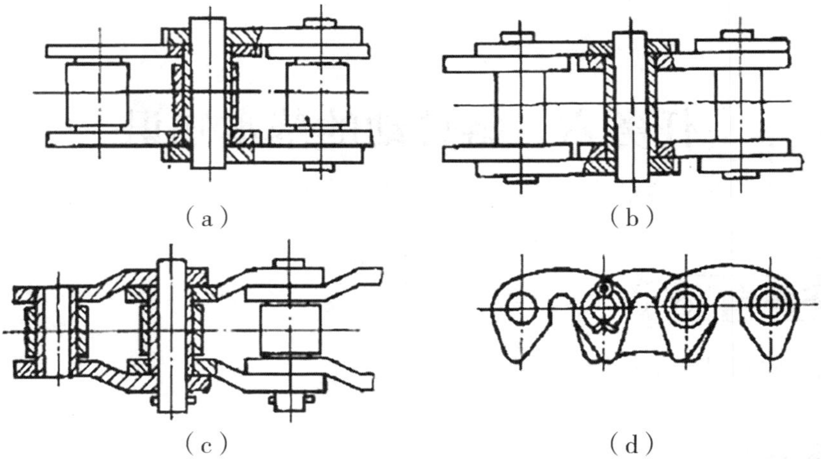

图5-23　传动链的类型

(a)滚子链　(b)套筒链　(c)弯板链　(d)齿形链

1. 滚子链的结构和标准

滚子链是由内链板1和套筒4、外链板2和销轴3组成的，见图5-24。其中，内链板与套筒、外链板与销轴均为过盈配合，套筒与销轴、滚子与套筒之间分别采用间隙配合。因此，内、外链板在链节屈伸时可相对转动。当链与链轮啮合时，链轮齿面与滚子之间形成滚动摩擦，可减轻链条与链轮轮齿的磨损。内、外链板制成“∞”字形，可使其剖面的抗拉强度大致相等，同时可减小链条的自重和惯性。组成链条的各零件，由碳钢或合金钢制成，并进行热处理，以提高强度和耐磨性。

滚子链相邻两滚子中心的距离称为链节距，用 P 表示，它是链条的主要参数。节距 P 越大，链条各零件的尺寸越大，所能承受的载荷越大。

滚子链可制成单排链和多排链，见图 5 - 24 和图 5 - 25。排数越多，承载能力越大。由于制造和装配精度，会使各排链受力不均匀，故一般不超过 4 排。

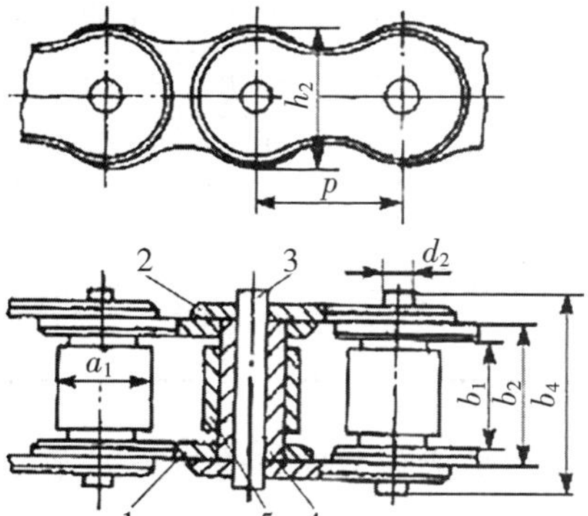

图 5 - 24　单排滚子链结构

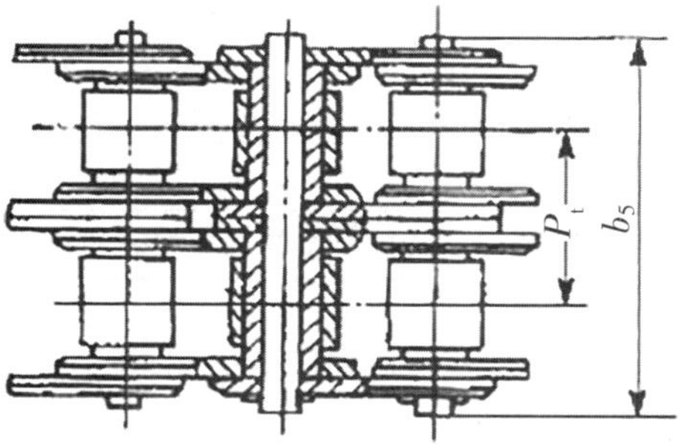

图 5 - 25　双排滚子链结构

滚子链已标准化，滚子链的基本参数与尺寸见表 5 - 11。表内的链号数乘以 $\left(\frac{25.4}{16}\right)$ mm 即节距值。链号中的后缀表示系列。其中，A 系列是我国滚子链的主体，设计时，根据载荷大小及工作条件等选用适当的链条型号；B 系列主要供维修用。

滚子链的标记规定为：链号一排数×整链链节数一国标编号。如，A 系列、节距 25.4 mm、单排、82 个链节长滚子链的标记为：16A-1×82 GB 1243.1-1983。

表 5 - 12　滚子链规格和主要参数

链号	节距 P (mm)	排距 P_t (mm)	滚子外径 d_1 (mm)	内链节内宽 b_1 (mm)	销轴直径 d_2 (mm)	内链节外宽 b_2 (mm)	销轴长度		内链板高度 h_2 (mm)	极限拉伸载荷 $F_{Q\min}$		单排质量 q (kg·m^{-1})
							单排 b_4 (mm)	双排 b_5 (mm)		单排 (kN)	双排 (kN)	
05B	8.00	5.64	5.00	3.00	2.31	4.77	8.6	14.3	7.11	4.4	7.8	0.18
06B	9.252	10.24	6.35	5.72	3.28	8.53	13.5	23.8	8.26	8.9	16.9	0.40
08B	12.7	13.92	8.51	7.75	4.45	11.30	17.01	31.0	11.81	17.8	31.1	0.7
08A	12.7	14.38	7.95	7.85	3.96	11.18	17.8	32.3	12.07	13.8	27.6	0.6
10A	15.875	18.11	10.16	9.40	5.08	13.84	21.8	39.9	15.09	21.8	43.6	1.0
12A	19.05	22.78	11.91	12.57	5.94	17.75	26.9	49.8	18.08	31.1	62.3	1.5
16A	25.4	29.29	15.88	15.75	7.92	22.61	33.5	62.7	24.13	55.6	112.1	2.6
20A	31.75	35.76	19.05	18.90	9.53	27.46	41.1	77	30.18	86.7	173.5	3.8
24A	38.10	45.44	22.23	25.22	11.10	35.46	50.8	96.3	36.20	124.6	249.1	5.6

续　表

链号	节距 P (mm)	排距 P_t (mm)	滚子外径 d_1 (mm)	内链节内宽 b_1 (mm)	销轴直径 d_2 (mm)	内链节外宽 b_2 (mm)	销轴长度		内链板高度 h_2 (mm)	极限拉伸载荷 $F_{Q\min}$		单排质量 q (kg·m^{-1})
							单排 b_4 (mm)	双排 b_5 (mm)		单排 (kN)	双排 (kN)	
28A	44.45	48.87	25.4	25.22	12.70	37.19	54.9	103.6	42.24	169.0	338.1	7.5
32A	50.8	58.55	28.58	31.55	14.27	45.21	65.5	124.2	48.26	222.4	444.8	10.1
40A	63.5	71.55	39.68	37.85	19.54	54.89	80.3	151.9	60.33	347.0	693.9	16.1
48A	76.2	87.83	47.63	47.35	23.80	67.82	95.5	183.4	72.39	500.4	1000.8	22.6
注：使用过渡链节时，其极限拉伸载荷按表列数值80%计算												

滚子链的接头形式如图5-26所示。当链条的链节数为偶数时，连接方式采用可拆卸的外链板连接，接头处用开口销或弹簧卡固定[图5-26(a)(b)]；当链条的链节数为奇数时，须采用过渡链节[图5-26(c)]。由于过渡链板是弯的，承载后其承受附加弯矩，所以链节数尽量不用奇数。

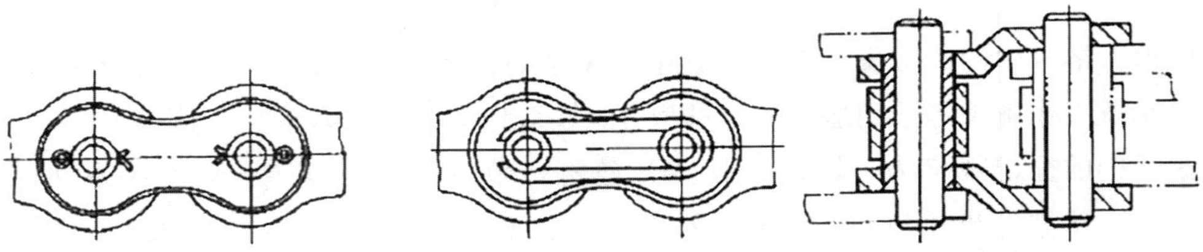

(a)　(b)　(c)

图5-26　滚子链的接头形式

2. 滚子链链轮

滚子链链轮是链传动的主要零件。链轮齿形满足下列要求：①保证链条能平稳而顺利地进入和退出啮合；②受力均匀，不易脱链；③便于加工。

链轮的齿形有国家标准。GB/T 1243-1997规定了滚子链链轮的端面齿槽形状，如图5-27所示，即三圆弧(dc，ba，aa')和一直线(cb)齿形。

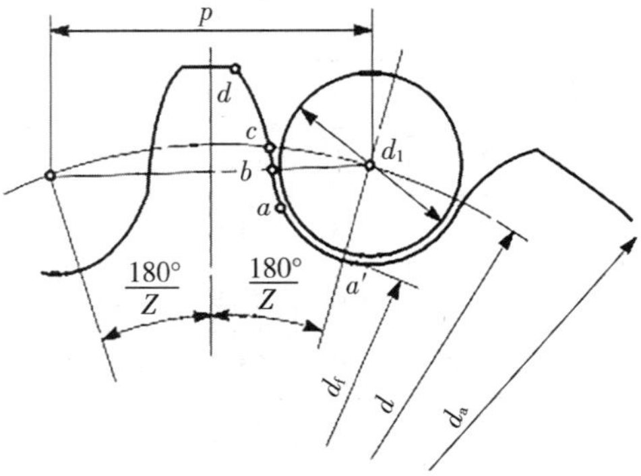

图5-27　链轮端面齿形

由于链轮采用标准齿形，所以在链轮工作图上不必绘制其端面齿形，只需在图的右上角注明基本参数和“齿形 GB/T 1243-1997 制造”字样即可。

5.6.2 链传动的特点

链传动与其他传动相比，主要有以下特点：

(1)由于链传动是有中间挠性件的啮合传动，无弹性滑动和打滑现象，因而能保证平均传动比不变。

(2)链传动无须初拉力，对轴的作用力较小。

(3)链传动可在高温、低温、多尘、油污、潮湿、泥沙等恶劣环境下工作。

(4)由于链传动的瞬时传动比不恒定，传动平稳性较差，有冲击和噪声，且磨损后易发生跳齿，不宜用于高速和急速反向传动的场合。

链传动适用于两轴线平行且距离较远、瞬时传动比无严格要求以及工作环境恶劣的场合，广泛用于农业、采矿、冶金、石油化工及运输等各种机械中。目前，链传动所能传递的功率可达 3600 kW，常用 100 kW 以下；链速可达 30～40 m/s，常用 $v \leqslant 15$ m/s；传动比最大可达 15，一般 $i \leqslant 6$；中心距 $a \leqslant 5 \sim 6$ m；效率 $\eta = 0.91 \sim 0.97$。

任务小结

链传动是啮合传动，平均传动比是准确的。它利用链与链轮轮齿的啮合来传递动力和运动的机械传动。

按照用途不同，链可分为起重链、牵引链和传动链三大类。起重链主要用于起重机械中提起重物，其工作速度 $v \leqslant 0.25$ m/s；牵引链主要用于链式输送机中移动重物，其工作速度 $v \leqslant 4$ m/s；传动链用于一般机械中传递运动和动力，通常工作速度 $v \leqslant 15$ m/s。传动链有齿形链和滚子链两种。

与带传动相比，链传动没有弹性滑动和打滑，能保持准确的平均传动比；需要的张紧力小，作用于轴的压力也小，可减少轴承的摩擦损失；结构紧凑；能在温度较高、有油污等恶劣环境条件下工作。与齿轮传动相比，链传动的制造和安装精度要求较低；中心距较大时其传动结构简单。瞬时链速和瞬时传动比不是常数，因此传动平稳性较差，工作中有一定的冲击和噪声。链传动平均传动比准确，传动效率高，轴间距离适应范围较大，能在温度较高、湿度较大的环境中使用；但链传动一般只能用于平行轴间传动，且其瞬时传动比波动，传动噪声较大。由于链节是刚性的，因而存在多边形效应(即运动不均匀性)，这种运动特性使链传动的瞬时传动比变化并引起附加动载荷和振动，在选用链传动参数时须加以考虑。链传动广泛用于交通运输、农业、轻工、矿山、石油化工和机床工业等。

任务七 链传动的布置、张紧与润滑

任务描述

分析链传动张紧的目的是什么。

任务分析

链轮和链条相比，链轮的强度高，使用寿命较长，所以链传动的失效，主要是链条的失效，其主要失效形式是：

1. 链条疲劳破坏

链条各元件在变应力作用下，经过一定循环次数，链板发生疲劳断裂，滚子套筒表面出现疲劳点蚀和疲劳裂纹。在正常润滑条件下，链板的疲劳强度是决定链传动承载能力的主要因素。

2. 链条铰链的磨损

铰链磨损会使链节距增大而产生跳齿和脱链。该失效形式一般发生在开式或润滑不良的链传动中。

3. 链条铰链胶合

在润滑不当或链轮转速过高时，链条铰链的销轴和套筒的工作表面会因润滑油膜破坏，在高温、高压下直接接触导致两表面黏结，相对运动使黏结部位撕开，形成表面撕开而损坏，称为胶合。因而要限制链传动的极限转速。

知识准备

1. 链传动的布置

在链传动中，两链轮的转动平面应在同一平面内，两轴线必须平行，最好成水平布置，如需倾斜布置时，两链轮中心连线与水平线的夹角 φ 应小于 45°。同时链传动应使紧边(即主动边)在上，松边在下，以便链节和链轮轮齿可以顺利地进入和退出啮合。如果松边在上，可能会因松边垂度过大而出现链条与轮齿的干扰，甚至会引起松边与紧边的碰撞。具体布置情况参见表 5 - 12。

表 5-13　链传动的布置

传动参数	正确布置	说明
$i>2$ a 为$(30\sim50)P$	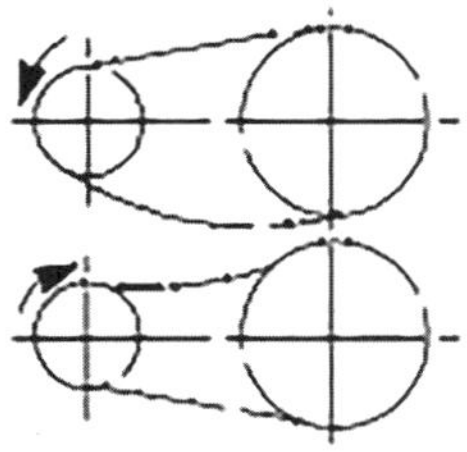	两轮轴线在同一水平面，紧边在上面较好，但必要时也允许紧边在下边
$i>2$	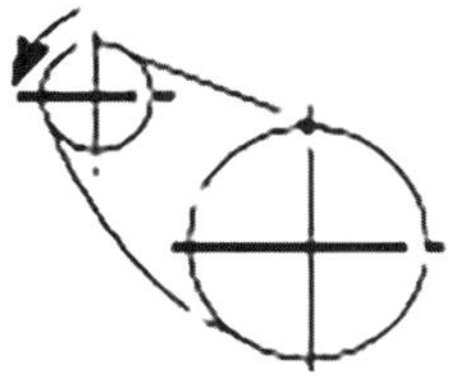	两轮轴线不在同一水平面，松边应在下面，否则松边下垂量增大后，链条易与链轮卡死
$i<1.5$ $a>60P$	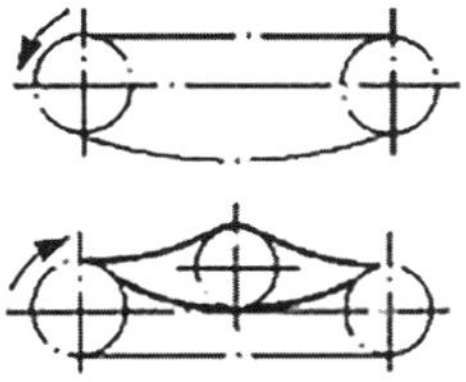	两轮轴线在同一水平面，松边应在下面，否则下垂量增大后，松边会与紧边相碰，需经常调整中心距
i、a 为任意值	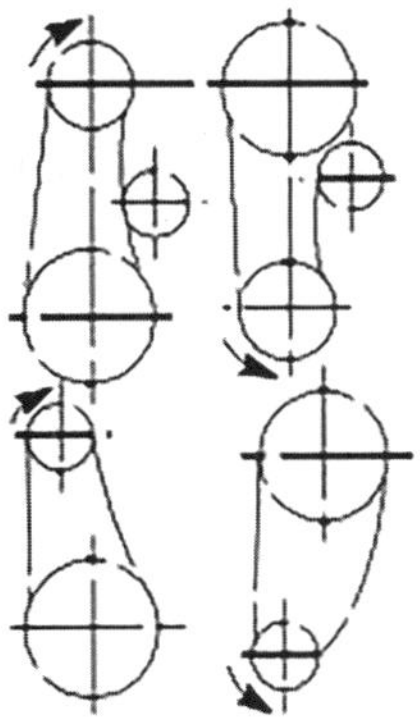	两轮轴线在同一铅垂面内，下垂量增大，会减少下链轮的有效啮合齿数，降低传动能力。为此应采用：①中心距可调；②张紧装置；③上下两轮错开，使其不在同一铅垂面内
反向传动 $\lvert i \rvert <8$	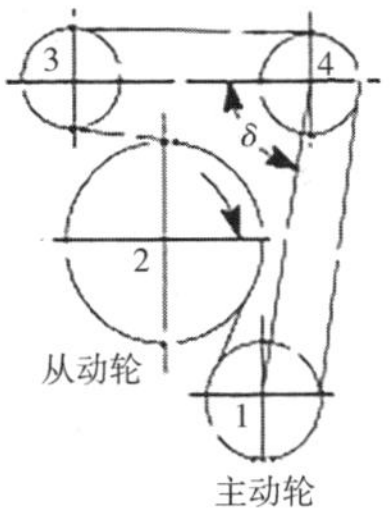	为使两轮转向相反，应加装 3 和 4 两个导向轮，且其至少有一个是可以调整张紧的。紧边应布置在 1 和 2 两轮之间，角 δ 的大小应使链轮的啮合包角满足传动要求

2. 链传动的张紧

链条包在链轮上应松紧适度。通常用测量松边垂度 f 的办法来控制链的松紧程度，见图 5-28。

合适的松边垂度为 $f=(0.01\sim0.02)a$，式中，a 是中心距。对于重载、反复起动及接近垂直的链传动，松边垂度应适当减小。

传动中，当铰链磨损使长度增大而导致松边垂度过大时，可采取如下张紧措施：

(1)通过调整中心距，使链张紧。

(2)拆除 1～2 个链节，缩短链长，使链张紧。

(3)加张紧轮，使链条张紧。张紧轮一般位于松边的外侧，它可以是链轮，其齿数与小链轮相近，也可以是无齿的辊轮，辊轮直径稍小，并常用夹布胶木制造。

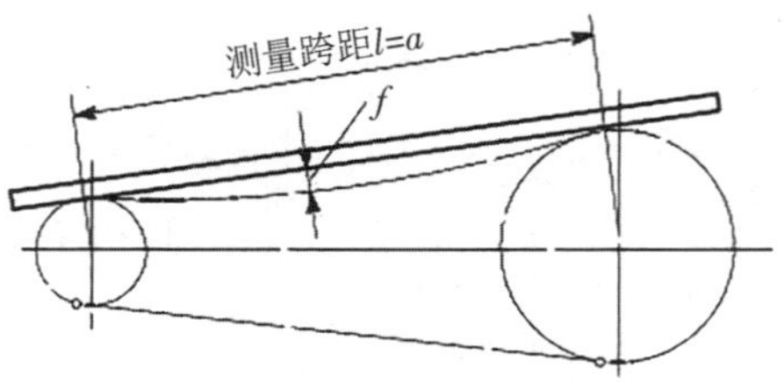

图 5-28　垂度测量图

3. 链传动的润滑

链传动良好的润滑将会减少磨损，缓和冲击，提高承载能力，延长使用寿命，因此链传动应合理地确定润滑方式和润滑剂种类。

常用的润滑方式有几种：

(1)人工定期润滑

用油壶或油刷给油[图 5-29(a)]，每班注油一次，适用于链速 $v\leqslant 4$ m/s 的不重要传动。

(2)滴油润滑

用油杯通过油管向松边的内、外链板间隙处滴油，用于链速 $v\leqslant 10$ m/s 的传动[图 5-29(b)]。

图 5-29　链传动润滑方法

(3)油浴润滑

链从密封的油池中通过，链条浸油深度以 6～12 mm 为宜，适用于链速 $v=6\sim12$ m/s 的传动[图 5 - 29(c)]。

(4)飞溅润滑

在密封容器中，用甩油盘将油甩起，经由壳体上的集油装置将油导流到链上。甩油盘速度应大于 3 m/s，浸油深度一般为 12～15 mm[图 5 - 29(d)]。

(5)压力油循环润滑

用油泵将油喷到链上，喷口应设在链条进入啮合之处。适用于链速 $v\geqslant8$ m/s 的大功率传动[图 5 - 29(e)]，链传动常用的润滑油有 L-AN32、L-AN46、L-AN68、L-AN100 等全损耗系统用油。使用润滑油时，温度低时，黏度宜低；功率大时，黏度宜高。

任务小结

链传动张紧的目的：

1. 减少链条工作产生的振动

(1)振动会使链条上的润滑油容易被甩出，润滑效果下降，链条磨损加快。

(2)链条振动容易产生噪声。

2. 增大链轮的包角

(1)防止工作过程中出现跳齿现象。

(2)链轮及链条接触面增加，磨损速度相应下降。

模块总结

本模块主要学习带传动和链传动的有关知识。

摩擦轮传动是利用两轮直接接触所产生的摩擦力来传递运动和动力的一种机械传动。

带传动和链传动统称为挠性传动。

1. 带传动

带传动是利用环状的挠性的传动带紧箍两个带轮，在传动带与带轮之间产生摩擦力，将主动带轮的运动和动力传递给从动轮。其中应用比较广泛的是 V 带传动。V 带的横截面为等腰梯形，与轮槽接触的两侧面为工作面。V 带由包布、顶胶、抗拉体和底胶四部分组成，包布用胶帆布，顶胶和底胶材料为橡胶，抗拉体是带工作时的主要承载部分，结构有绳芯和帘布芯两种。V 带的尺寸已标准化(GB/T 11544-2012)，按截面尺寸自小到大，普通 V 带分为 Y、Z、A、B、C、D、E 七种型号；窄 V 带有 SPZ、SPA、SPB、SPC 四种型号。V 带传动的主要参数包括传动比、小带轮包角、带的基准长度、中心距等。

由于带两边拉力不相等致使两边弹性变形不同，从而引起带与带轮间的滑动称为带传动的弹性滑动。它是在摩擦带传动中不可避免的现象。当传动功率过大或过载时，带将在带轮上发生全面的滑动，这种现象被称为打滑，打滑将使带的磨损加剧，传动效率降低，以至于传动失效，所以应予以避免。

V 带传动的设计准则：

保证带传动不发生打滑的前提下，具有一定的疲劳强度和寿命。

应了解带传动的设计计算步骤。

为了使带产生并保持一定的初拉力，带传动应设置张紧装置。

为了延长带的使用寿命，保证传动的正常进行，必须重视正确地安装和维护。

2. 链传动

链传动是通过链条将具有特殊齿形的主动链轮的运动和动力传递到具有特殊齿形的从动链轮的一种传动方式。链传动多用在不宜采用带传动与齿轮传动，且两轴平行、距离较远、功率较大、平均传动比较准确的场合。

目前，链传动所能传递的功率可达 3600 kW，常用 100 kW 以下；链速可达 30～40 m/s，常用 $v \leqslant 15$ m/s；传动比最大可达 15，一般 $i \leqslant 6$；中心距 $a \leqslant 5 \sim 6$ m；效率 $\eta = 0.91 \sim 0.97$。

滚子链相邻两滚子中心的距离被称为链节距，用 P 表示。滚子链可制成单排链和多排链，如双排链或三排链。排数越多，承载能力越大。由于制造和装配精度，会使各排链受力不均匀，故一般不超过 4 排。

模块六　齿轮传动

任务一　概　述

任务描述

试总结齿轮传动的基础知识有哪些。

任务分析

齿轮传动的原理：即一对相同模数(齿的形体)的齿轮相互啮合将动力由甲轴传送给乙轴，以完成动力传递。齿轮传动是指由齿轮副传递运动和动力的装置，它是现代各种设备中应用最广泛的一种机械传动方式。齿轮传动是靠齿与齿的啮合进行工作的，轮齿是齿轮直接参与工作的部分，所以齿轮的失效主要发生在轮齿上。主要的失效形式有轮齿折断、齿面点蚀、齿面磨损、齿面胶合以及塑性变形等。

知识准备

6.1.1　齿轮传动的特点

齿轮传动是现代机械中应用十分广泛的机械传动形式，它是依靠齿轮齿廓相互接触来传递运动和动力的，与其他机械传动相比，齿轮传动能传递任意两轴间的运动和力，具有传递的功率和速度范围大、传动平稳性好、传递运动准确可靠、传动效率高、工作可靠、寿命长、结构紧凑等优点。其主要缺点是制造和安装精度要求高，不适用于远距离传动，成本也较高。

6.1.2　齿轮传动的类型

按照齿轮轴线间相互位置、啮合方式和齿向的不同，可将齿轮传动的类型分类如下：

- 齿轮传动
  - 平行轴
    - 按轮齿方向分
      - 直齿圆柱齿轮传动[见图 6 - 1(a)]
      - 斜齿圆柱齿轮传动[见图 6 - 1(b)]
      - 人字齿轮传动[见图 6 - 1(c)]
    - 按啮合方式分
      - 外啮合齿轮传动[见图 6 - 1(a)(b)(c)]
      - 内啮合齿轮传动[见图 6 - 1(d)]
      - 齿轮齿条啮合传动[见图 6 - 1(e)]
  - 相交轴——锥齿轮传动[见图 6 - 1(f)]
  - 交错轴
    - 交错轴斜齿轮传动[见图 6 - 1(g)]
    - 蜗杆传动[见图 6 - 1(h)]

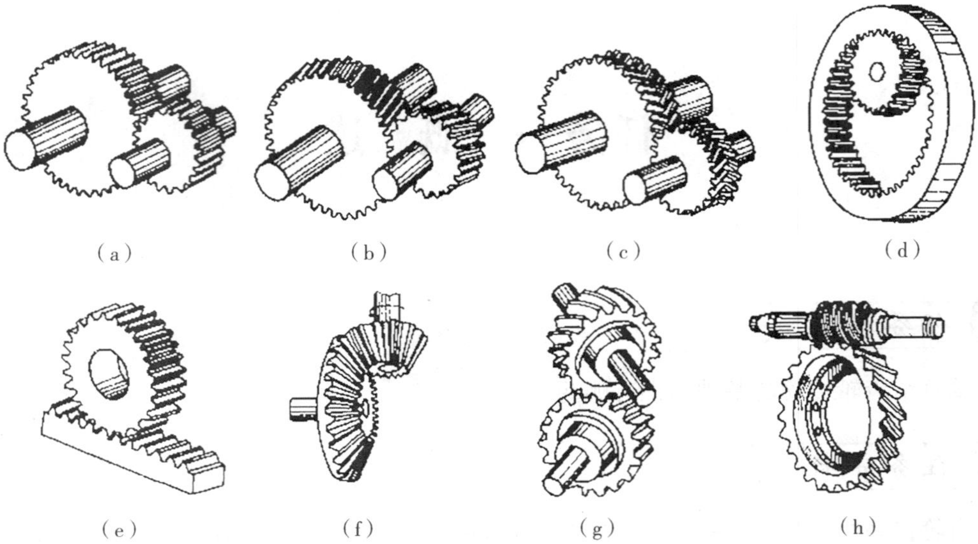

图 6－1 齿轮传动类型

6.1.3 齿轮传动的基本要求

齿轮传动在工作过程中应满足两项基本要求：

1. 传动平稳、准确

要求齿轮在传动过程中，瞬时传动比恒定，尽量减小冲击、振动和噪声，以保证机器的正常传动。

2. 承载能力高

为了延长齿轮的使用寿命，要求齿轮尺寸小、重量轻，轮齿的强度高、耐磨性好，能传递较大的动力，具有足够的承载能力。

任务小结

齿轮是一种传动部件，根据不同的形状分为正齿、斜齿、伞齿等。齿轮基础包含齿轮的基本参数和其所遵循的定律。齿轮传动是指由齿轮副传递运动和动力的装置，它是现代各种设备中应用最广泛的一种机械传动方式。它的传动比较准确，效率高，结构紧凑，工作可靠，寿命长。

在各种传动形式中，齿轮传动在现代机械中应用最为广泛。这是因为齿轮传动有如下特点：

(1)传动精度高。前面讲过，带传动不能保证准确的传动比，链传动也不能实现恒定的瞬时传动比，但现代常用的渐开线齿轮的传动比，在理论上是准确、恒定不变的。这不但对精密机械与仪器是关键要求，而且是高速重载下减轻动载荷、实现平稳传动的重要条件。

(2)适用范围宽。齿轮传动传递的功率范围极宽，可以从 0.001 W 到 60000 kW；圆周速度可以很低，也可高达 150 m/s，带传动、链传动均难以比拟。

(3)可以实现平行轴、相交轴、交错轴等空间任意两轴间的传动，这也是带传动、链传动做不到的。

(4)工作可靠，使用寿命长。

(5)传动效率较高，一般为 0.94～0.99。

(6)制造和安装要求较高，因而成本也较高。

(7)对环境条件要求较严，除少数低速、低精度的情况以外，一般需要安置在箱罩中防尘防垢，还需要重视润滑。

(8)不适用于相距较远的两轴间的传动。

(9)减振性和抗冲击性不如带传动等柔性传动好。

任务二　渐开线齿廓

任务描述

渐开线齿廓的形成特点是什么。

任务分析

与一条曲线 C 的所有切线相交成直角的曲线 Γ，称为曲线 C 的渐开线(Evolute)。一般的渐开线指“圆的渐开线”。在平面上，一条动直线(发生线)沿着一个固定的圆(基圆)滚动的过程中，此直线上任意一点的轨迹，被称为此基圆的一条渐开线。机械上为了传动平稳，齿轮的齿廓线大多采用渐开线。

知识准备

6.2.1　渐开线的形成与性质

实际工作中对齿轮传动的基本要求就是传动是否平稳、正确，保证瞬时传动比恒定，能实现这一要求主要与齿轮的齿廓形状有关。能作为齿轮齿廓形状的曲线有很多，但考虑到设计、制造、安装和使用等因素，目前机械中普遍采用的是渐开线齿廓、摆线齿廓和圆弧齿廓。其中以渐开线齿廓应用最广，因此此处只介绍渐开线齿轮。

1. 渐开线的形成

如图 6-2 所示，设半径为 r_b 的圆上有一直线 L 与其相切，当直线 L 沿着圆周做纯滚动时，此直线上任意一点 K 的轨迹为该圆的渐开线。该圆称为基圆，该直线为发生线。如图 6 - 3 所示齿轮的齿廓就是由两对称渐开线组成的。

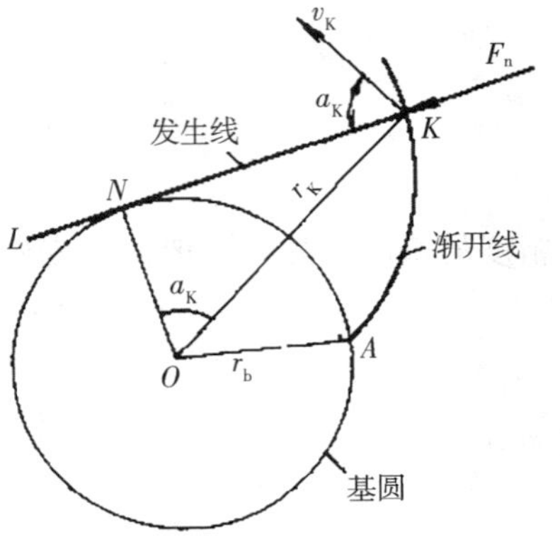

图 6 - 2　渐开线的形成

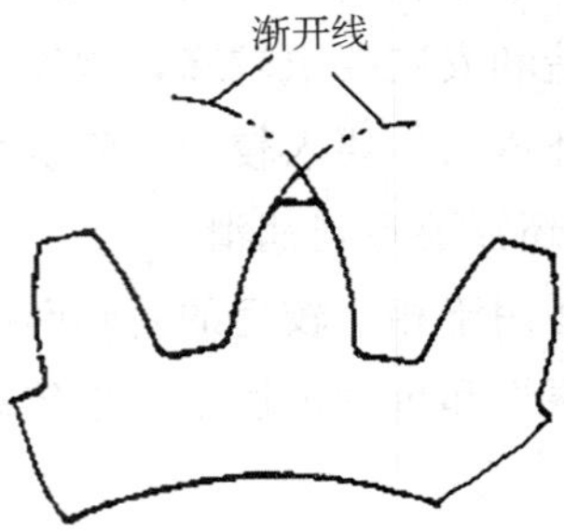

图 6 - 3　渐开线齿廓

2. 渐开线的性质

由渐开线的形成过程，可知渐开线具有下列性质：

(1)发生线上沿基圆滚过的长度等于基圆上被滚过的弧长，即$\overline{NK}=\widehat{AN}$。

(2)渐开线上任意点的法线与基圆相切，切点 N 是渐开线上 K 点的曲率中心，线段 NK 是渐开线上 K 点的曲率半径。渐开线各点的曲率半径是变化的，K 点离基圆越近，曲率半径越小，渐开线越弯曲。

(3)渐开线的弯曲程度取决于基圆的大小(如图 6 - 4)。基圆半径越大，渐开线越平直；当基圆半径趋于无穷大时，渐开线变成直线。齿条的齿廓就是这种直线齿廓。基圆半径相等，则渐开线形状相同。

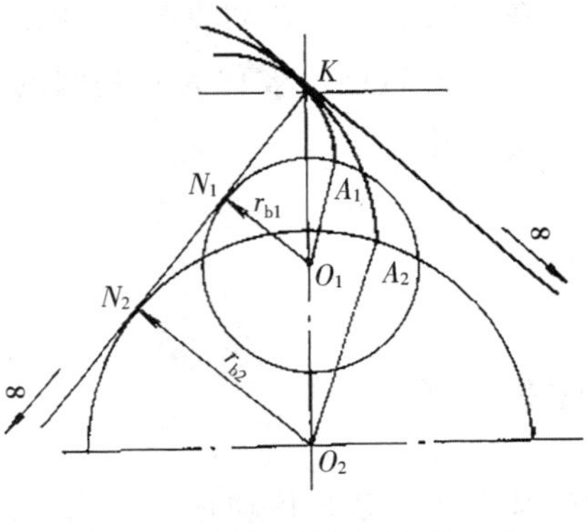

图 6 - 4　不同基圆上的渐开线

(4)作用于渐开线上 K 点的正压力 F_n方向于该点的速度方向所夹的锐角 α_K，称为渐开线在 K 点的压力角，由图 6 - 2 可知，

$$\cos\alpha_K=\frac{r_b}{r_K} \tag{6 - 1}$$

因基圆半径 r_b 为定值，因此渐开线上各点的压力角不等，r_b 越大，即 K 点离圆心越远，压力角越大，在基圆上压力角等于零。

(5)从渐开线的形成过程可看出，基圆内无渐开线。

6.2.2　渐开线齿廓的啮合特性

1. 瞬时传动比恒定

如图 6-5 所示，主动轮以角速度 ω_1 顺时针转动并推动从动轮以角速度 ω_2 逆时针转动，两渐开线齿廓某一瞬时在 K 点接触，两轮在 K 点的线速度分别为 $v_{K1}=\omega_1\overline{O_1K}$，$v_{K2}=\omega_2\overline{O_2K}$。过 K 点作两齿廓的公法线 nn 与两轮连心线交于 P 点，根据渐开线的性质，公法线必须同时与两轮的基圆相切，切点为 N_1 和 N_2。从图 6-5 可知，两基圆半径分别为 $r_{b1}=\overline{O_1N_1}=\overline{O_1K}\cos\alpha_{K1}$，$r_{b2}=\overline{O_2N_2}=\overline{O_2K}\cos\alpha_{K2}$。$v_{K1}$ 和 v_{K2} 在公法线上的速度分量应相等，才能保证两轮连续且平稳地工作，否则两齿廓将相互压入或分离。所以

$$v_{K1}\cos\alpha_{K1}=v_{K2}\cos\alpha_{K2}$$

即

$$\omega_1\overline{O_1K}\cos\alpha_{K1}=\omega_2\overline{O_2K}\cos\alpha_{K2}$$

因此，瞬时传动比为

$$i=\frac{\omega_1}{\omega_2}=\frac{\overline{O_2K}\cos\alpha_{K2}}{\overline{O_1K}\cos\alpha_{K1}}=\frac{r_{b2}}{r_{b1}} \tag{6-2}$$

由于渐开线齿轮的两基圆半径 r_{b1}、r_{b2} 不变，所以渐开线齿廓在任意点 K 接触，两齿轮的瞬时传动比恒定，符合齿轮传动的基本要求。

在图 6-5 中，公法线 nn 于两齿轮中心线的交点 P 称为节点，分别以 O_1、O_2 为圆心，以 O_1P、O_2P 半径所作的两个相切的圆称为节圆，其半径分别用 r_1'、r_2' 表示，由 $\triangle O_1N_1P\backsim\triangle O_2N_2P$，有

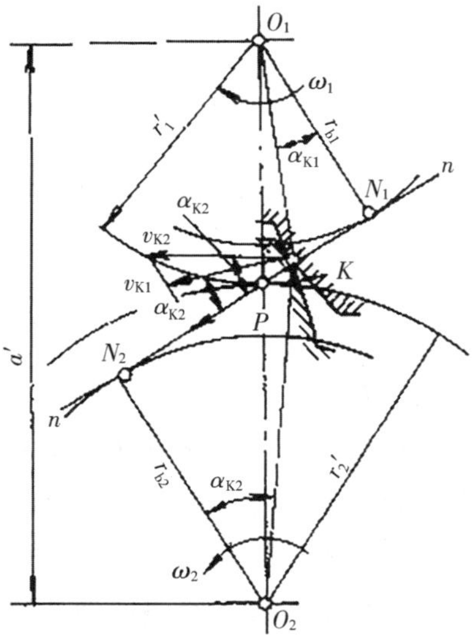

图 6-5　渐开线齿廓的瞬时传动比恒定

$$i=\frac{\omega_1}{\omega_2}=\frac{r_{b2}}{r_{b1}}=\frac{O_2N_2}{O_1N_1}=\frac{r_2'}{r_1'} \tag{6-3}$$

显然，瞬时传动比与节圆半径也成反比。而两节圆的圆周速度相等，因此在齿轮传动中，两个节圆做纯滚动。

2. 中心距可分性

一对相互啮合的齿轮，其中心之间的距离被称为齿轮传动的中心距。由于制造、安装的误差，以及在运转过程中轴的变形、轴承的磨损等原因，均可使齿轮传动的实际中心距（安装后两轮中心 O_1、O_2 的距离被称为实际中心距，用 a' 表示，$a'=r_1'+r_2'$）与设计值有微小的差异。但一对渐开线齿轮制成后，其基圆直径不再改变。因此，当实际中心距较设计值差生误差时，其传动比仍保持不变，这种中心距稍有变化并不改变传动比的性质，被称为中心距可分性。这是渐开线齿轮传动得到广泛应用的一个重要原因。

3. 齿廓间作用的压力方向不变性

两齿轮啮合传动时，若不考虑齿廓间摩擦力的影响，齿廓间作用的压力方向总是沿着两齿廓的公法线方向，即啮合线的方向。如图 6-6 所示，过节点 P 作两节圆的公切线于啮合线 N_1N_2 间的夹角称为齿轮传动的啮合角，显然齿轮传动时啮合角不变，所以齿廓间作用的压力方向不变，它使传动平稳，是渐开线齿轮传动的一个优点。

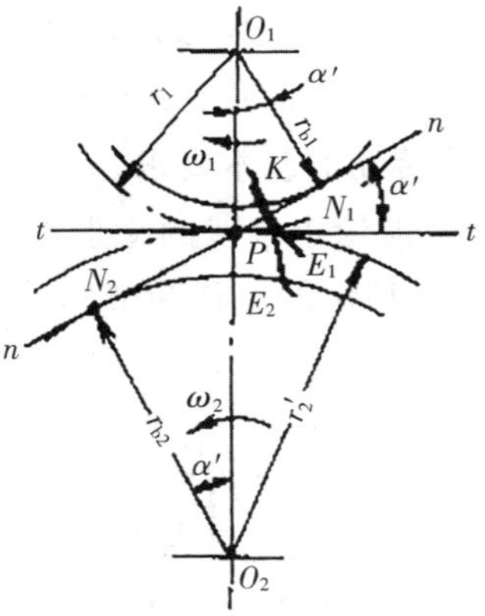

图 6-6　渐开线齿廓传力方向不变

任务小结

渐开线齿廓的形成应考虑三个方面：

(1)纯滚动——即直线与基圆相切，且是没有相对滑动的滚动。

(2)任意一点 K——随便在直线上取一点 K，该点 K 的轨迹即渐开线。

(3)渐开线——点 K 的轨迹是逐渐向基圆外展开的曲线。

那根线始终与圆柱相切，就相当于一根直线绕圆做纯滚动。用手拉住的线上一点相当于选定了一个定点，该定点的轨迹就是渐开线。如果手捏住线上的其他点，将得到另外一根渐开线。因此，在线上任选一个定点，其运动轨迹都是渐开线，只是渐开线位置与长度不一。而渐开线曲的弯曲程度与圆柱(基圆)大小有关，基圆越小，弯曲程度越大。

任务三 渐开线标准直齿圆柱齿轮的几何尺寸计算

任务描述

已知一对标准直齿圆柱齿轮传动，齿数 $z_1=20$，传动比 $i=3$，模数 $m=6$ mm，$h_a^*=1$，$c^*=0.25$。试计算两齿轮的分度圆直径、齿顶圆直径、齿根圆直径、齿距、齿厚及中心距。

任务分析

渐开线圆柱齿轮是齿轮中的一种。齿轮的齿形由渐开线和过渡线组成时，便被称为渐开线齿轮，具有角速不变的优点。齿轮上每个突出的部分称为齿，相邻两齿之间的空间被称为齿槽。齿轮各部分的名称及符号规定如下：

1. 齿顶圆

过齿轮各齿顶所作的圆，其直径和半径分别用 d_a 和 r_a 表示。

2. 齿根圆

过齿轮各齿槽底部的圆，其直径和半径分别用 d_f 和 r_f 表示。

3. 分度圆

齿顶圆和齿根圆之间的圆，是计算齿轮几何尺寸的基准圆，其直径和半径分别用 d 和 r 表示。

4. 基圆

形成渐开线的圆，其直径和半径分别用 d_b 和 r_b 表示。

5. 齿顶高、齿根高及齿全高

齿顶高为分度圆与齿顶圆之间的径向间隔，用 h_a 表示；齿根高为分度圆与齿根圆之间的径向间隔，用 h_f 表示；齿全高为齿顶圆与齿根圆之间的径向间隔，用 h 表示，显然 $h=h_a+h_f$。

6. 齿厚、齿槽宽及齿距

在半径为 r_k 的圆周上，一个轮齿两侧齿廓之间的弧长称为该圆上的齿厚，用 s_k 表示；在此圆周上，一个齿槽两侧齿廓之间的弧长称为该圆上的齿槽宽，用 e_k 表示；此圆周上相邻两齿同侧齿廓之间的弧长称为该圆上的齿距，用 p_k 表示，显然 $p_k=s_k+e_k$。分度圆上的齿厚、齿槽宽及齿距依次用 s、e 及 p 表示，$p=s+e$。基圆上的齿距又被称为基节，用 p_b 表示。

知识准备

6.3.1 齿轮各部分的名称与符号

如图 6 - 7 所示为渐开线直齿圆柱外齿轮的一部分，其各部分的名称及符号如下：

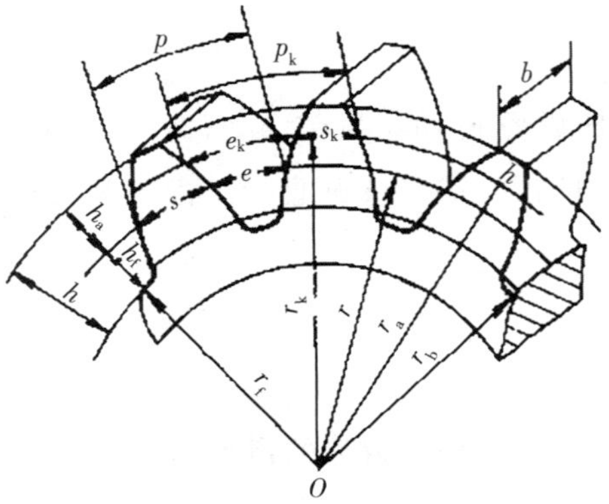

图 6 - 7　齿轮各部分的名称及符号

1. 齿顶圆、齿根圆

过轮齿顶端所作的圆被称为齿顶圆，其直径和半径分别用 d_a 和 r_a 表示。过轮齿槽底所作的圆被称为齿顶圆，其直径和半径分别用 d_f 和 r_f 表示。

2. 齿厚、齿槽宽和齿距

在任意半径为 r_k 的圆周上，同一轮齿两侧齿廓间的弧长被称为在该圆上的齿厚，用 s_k 表示；而齿槽两侧齿廓间的弧长被称为在该圆上的齿槽宽，用 e_k 表示；相邻两个轮齿同侧齿廓间的弧长被称为在该圆上的齿距，用 p_k 表示。

3. 分度圆

在齿顶圆和齿根圆之间，取一个圆作为计算齿轮各部分几何尺寸的基准，称为分度圆，其直径用 d 表示，半径用 r 表示。凡是分度圆上的参数都直接称为齿厚、齿距、压力角等，其符号一律不加脚标，而其他圆上的参数都必须指明是哪个圆上的参数。

4. 齿顶高、齿根高、齿高

齿顶圆与分度圆之间的径向距离为齿顶高，用 h_a 表示。

齿根圆与分度圆之间的径向距离为齿根高，用 h_f 表示。

齿顶圆与齿根圆之间的径向距离为齿高，用 h 表示。显然，

$$h=h_a+h_f$$

6.3.2 渐开线齿轮的主要参数

1. 齿数 z

形状相同、沿圆周方向均匀分布的轮齿个数被称为齿数。齿数影响齿廓曲线，也影响齿轮的几何尺寸。

2. 模数 m

分度圆直径 d 与齿距 p 及齿数 z 之间的关系为：

$$\pi d = pz$$

$$d = \frac{p}{\pi} z$$

式中 π 是一个无理数，因此在计算 d 时很不方便。为了便于齿轮的设计、制造、测量及互换使用，工程上把 $\frac{p}{\pi}$ 规定为有理数并标准化，称之为齿轮的模数，用 m 来表示，即

$$m = \frac{p}{\pi} \text{或} p = \pi m$$

所以

$$d = mz \tag{6-4}$$

国家标准中规定了齿轮模数的标准系列，如表 6-1 所示。

表 6-1 标准模数系列

第一系列	0.1	0.12	0.15	0.2	0.25	0.3	0.4	0.5
	0.6	0.8	1	1.25	1.5	2	2.5	3
	4	5	6	8	10	12	16	20
	25	32	40	50				
第二系列	0.35	0.7	0.9	1.75	2.25	2.75	(3.25)	3.5
	(3.75)	4.5	5.5	(6.5)	7	9	(11)	14
	18	22	28	36	45			

注：1. 本表适用于渐开线圆柱齿轮，对于斜齿轮是指法向模数。

2. 优先选用第一系列，括号内的模数尽可能不用。

3. 压力角 α

同一渐开线齿廓上各点的压力角在不同直径的圆周上是不同的，为方便设计、制造和维修，国家标准规定分度圆上的压力角为标准压力角，其值为 $\alpha = 20°$。由此可见，分度圆是渐开线齿轮上具有标准模数和标准压力角的圆。

4. 齿顶高系数 h_a^* 和顶隙系数 c^*

用模数来表示轮齿的齿顶高和齿根高，则有

$$h_a = h_a^* m$$

$$h_f=(h_a^*+c^*)m \tag{6-5}$$

$$h=h_a+h_f=(2h_a^*+c^*)m$$

式中：h_a^*——齿顶高系数，国家标准规定，正常齿制 $h_a^*=1$，短齿制 $h_a^*=0.8$；

c^*——顶隙系数，国家标准规定，正常齿制 $c^*=0.25$，短齿制 $c^*=0.3$。

短齿制齿轮主要用于汽车、坦克、拖拉机及电力机车等。

一对齿轮互相啮合时，为避免一个齿轮的齿顶与另一个齿轮的齿槽底相抵触，同时能储存润滑油，所以在一个齿轮的齿根圆柱面与配对齿轮的齿顶圆柱面之间必须留有间隙，即顶隙，用 c 表示，其值为

$$c=c^*m \tag{6-6}$$

综上所述，m、α，h_a^*、c^* 和 z 是渐开线齿轮几何尺寸计算的五个基本参数，m、α，h_a^*、c^* 均为标准值，且 $e=s$ 的齿轮，被称为标准齿轮。

6.3.3 渐开线标准直齿圆柱齿轮的几何尺寸计算

渐开线直齿圆柱齿轮分为外齿轮(如图 6-7)、内齿轮(如图 6-8)和齿条(如图 6-9)三种。标准直齿圆柱齿轮几何尺寸计算公式如表 6-2 所示。

表 6-2 外啮合标准直齿圆柱齿轮几何尺寸计算公式

名称	代号	计算公式	
		小齿轮	大齿轮
齿顶高	h_a	$h_a=h_a^*m$	
齿根高	h_f	$h_f=(h_a^*+c^*)m$	
全齿高	h	$h=h_a+h_f=(2h_a^*+c^*)m$	
分度圆直径	d	$d_1=mz_1$	$d_2=mz_2$
齿顶圆直径	d_a	$d_{a1}=d_1+2h_a=m(z_1+2h_a^*)$	$d_{a2}=d_2+2h_a=m(z_2+2h_a^*)$
齿根圆直径	d_f	$d_{f1}=d_1-2h_f=m(z_1-2h_a^*-2c^*)$	$d_{f2}=d_2-2h_f=m(z_2-2h_a^*-2c^*)$
基圆直径	d_b	$d_{b1}=d_1\cos\alpha$	$d_{b2}=d_2\cos\alpha$
齿距	p	$p=\pi m$	
齿厚	s	$s=\dfrac{\pi m}{2}$	
齿槽宽	e	$e=\dfrac{\pi m}{2}$	
顶隙	c	$c=c^*m$	
标准中心距	a	$a=\dfrac{(d_1+d_2)}{2}=\dfrac{(z_1+z_2)}{2}m$	
传动比	i	$i=\dfrac{z_2}{z_1}=\dfrac{d_2}{d_1}$	

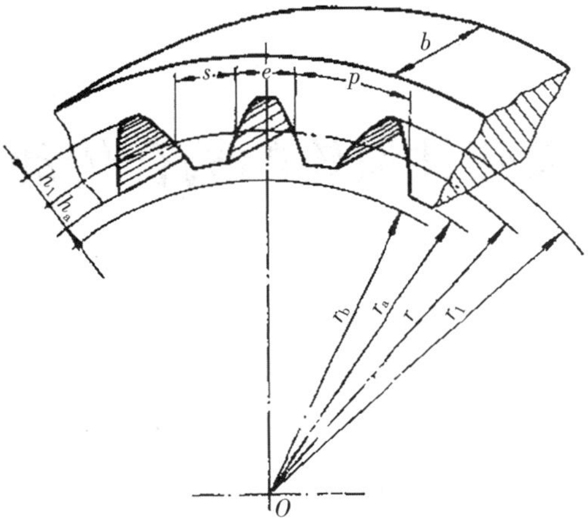

图 6 - 8　内齿轮

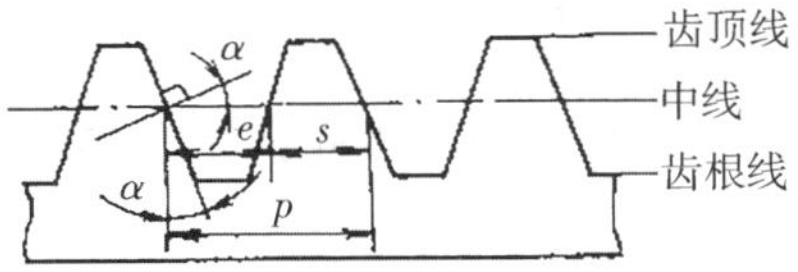

图 6 - 9　齿条

6.3.4　齿　条

当渐开线齿轮的基圆半径增加到无穷大时，齿轮上的基圆、分度圆和齿顶圆都变成了相互平行的直线，渐开线齿廓变成了直线齿廓，就演化为齿条。如图 6 - 9 所示，齿条上齿厚 s 与齿槽宽 e 相等的直线被称为中线。齿条具有一线特点：

(1)齿条的齿廓是直线，齿条做直线运动，所以齿条直线齿廓上各点的压力角相同，都等于齿廓倾斜角，即等于标准压力角 α。

(2)与中线平行的任意直线上的齿距相等，即 $p_k=p=\pi m$。

任务小结

解　该齿轮传动为标准直齿圆柱齿轮传动，按表 6 - 2 所列公式计算如下：

由 $i=\dfrac{z_2}{z_1}$得，$z_2=iz_1=3\times20=60$。

分度圆直径：$d_1=mz_1=6\times20\ \text{mm}=120\ \text{mm}$，

$d_2=mz_2=6\times60\ \text{mm}=360\ \text{mm}$。

齿顶圆直径：$d_{a1}=(z_1+2h_a^*)m=(20+2\times1)\times6\ \text{mm}=132\ \text{mm}$，

$d_{a2}=(z_2+2h_a^*)m=(60+2\times1)\times6\ \text{mm}=372\ \text{mm}$。

齿根圆直径：$d_{f1}=(z_1-2h_a^*-2c^*)m=(20-2\times1-2\times0.25)\times6\ \text{mm}=105\ \text{mm}$，

$d_{f2}=(z_2-2h_a^*-2c^*)m=(60-2\times1-2\times0.25)\times6\ \text{mm}=345\ \text{mm}$。

齿距：$p=\pi m=\pi\times6\ \text{mm}=18.85\ \text{mm}$。

齿厚：$s_1=s_2=\dfrac{\pi}{2}m=\dfrac{\pi}{2}\times6\ \text{mm}=9.42\ \text{mm}$。

中心距：$a=\dfrac{(z_1+z_2)}{2}m=\dfrac{(20+60)}{2}\times6\ \text{mm}=240\ \text{mm}$。

任务四 渐开线标准直齿圆柱齿轮的啮合传动

任务描述

渐开线直齿圆柱齿轮的正确啮合条件是什么。

任务分析

根据渐开线原理、性质，齿轮传动时，力的作用方向是固定不变的(如果不考虑齿面摩擦)，即沿着啮合线方向，也就是两个齿轮基圆的内公切线方向；如果传递的扭矩也是一定的，则力的大小也不变。这是渐开线齿轮传动的优点之一。

另外，齿轮安装的中心距不完全相同(加工误差等)，但是不会影响齿轮传动比的准确性。这也是渐开线齿轮的优点之一。

知识准备

6.4.1 正确啮合条件

由前述，一对渐开线齿轮传动时，要使两轮相邻轮齿的两对同侧齿廓能同时在啮合线 N_1N_2 上正确地啮合，如图 6-10 所示，则前对齿在 a_1 点啮合，后对齿在 a_2 啮合。只有当两轮在啮合线上的齿距(称为法向齿距，用 P_n表示)相等时，才能保证两齿轮的相邻齿廓正确啮合，即

$$P_{n1}=P_{n2}$$

否则，前对齿在 a_1点啮合时，后对齿不是相互嵌入，就是分离，均不能保证正确啮合。

设 m_1、m_2、α_1、α_2、P_{b1}、P_{b2}分别为两轮的模数、压力角和基圆齿距，根据渐开线性质，上式写成

$$P_{b1}=P_{b2}$$

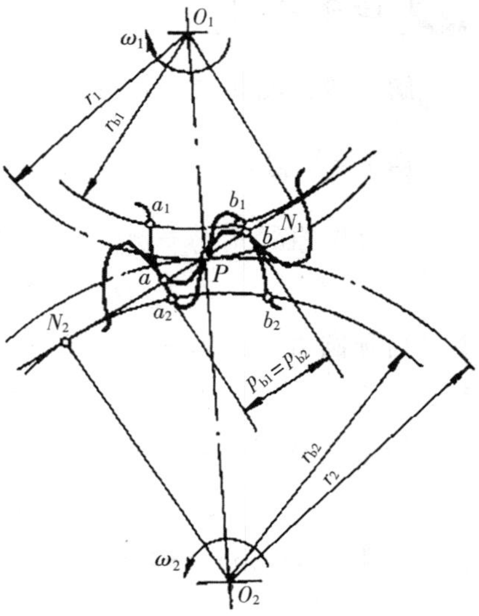

图 6-10 正确啮合条件

因为
$$\cos\alpha=\frac{r_b}{r}=\frac{p_b\frac{z}{2\pi}}{p\frac{z}{2\pi}}=\frac{p_b}{p}$$

所以
$$p_{b1}=p_1\cos\alpha_1=\pi m_1\cos\alpha_1$$
$$p_{b2}=p_2\cos\alpha_2=\pi m_2\cos\alpha_2$$

上式表明，两齿轮正确啮合，则应使两轮的模数和压力角的余弦之积相等。而模数和压力角都是标准值，所以要使上式成立，则有

$$\begin{aligned}m_1&=m_2=m\\ \alpha_1&=\alpha_2=\alpha\end{aligned}\tag{6-7}$$

综上，一对渐开线直齿圆柱齿轮正确啮合条件是：两轮的模数和压力角必须分别相等。

6.4.2　标准中心距

一对渐开线外啮合标准齿轮传动时，为避免若冲击、噪声和振动，保证传动精度，在理论上应达到无齿侧间隙(侧隙)。实际上，由于齿轮在工作时温度升高而出现卡死及为保证齿轮润滑，应留有一定侧隙，实际侧隙由制造公差来保证，在理论设计时仍按无侧隙安装来处理。

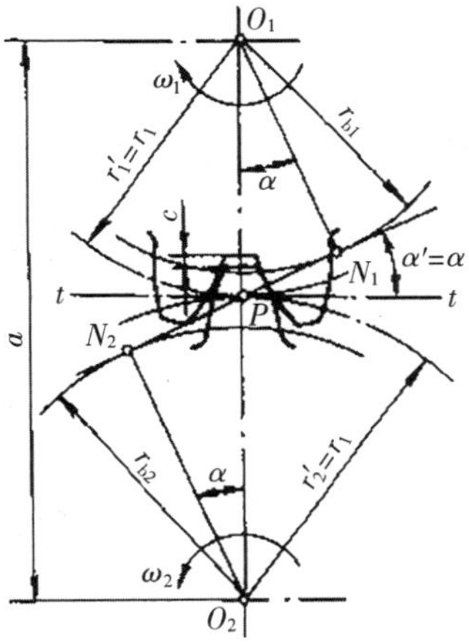

图 6 - 11　正确安装的一对标准齿轮

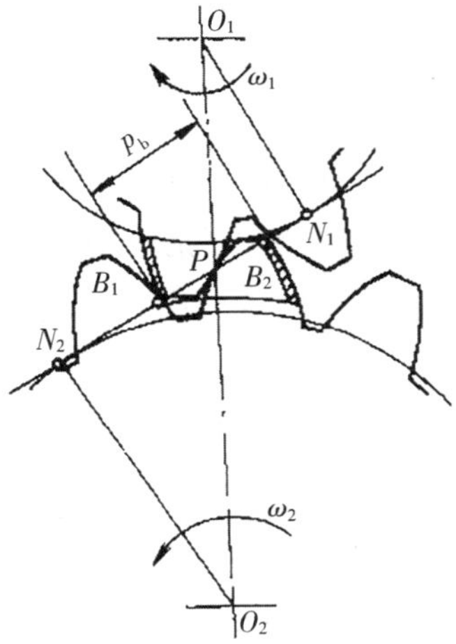

图 6 - 12　轮齿啮合过程

一对正确啮合的渐开线标准齿轮，其模数相等，故两轮在分度圆上的齿厚与齿槽宽相等，即

$$s_1=e_1=s_2=e_2=\pi\frac{m}{2}$$

可实现无侧隙啮合。

一对标准齿轮节圆与分度圆相重合的安装称为标准安装，标准安装时的中心距称为

标准中心距，以 a 表示，如图 6 - 11 所示，即

$$a=r'_1+r'_2=r_1+r_2=\frac{m}{2}(z_1+z_2) \tag{6-8}$$

标准安装时，节圆与分度圆重合，此时啮合角与压力角相等，即 $\alpha'=\alpha$。而实际中心距 $a'\neq a$，$\alpha'\neq\alpha$，则节圆与分度圆不重合。

6.4.3 连续传动条件

如图 6 - 12 所示，一对渐开线直齿圆柱齿轮传动中，设轮 1 为主动轮，轮 2 为从动轮。当一对齿廓开始啮合时，主动轮的齿根推动从动轮的齿顶，故开始啮合点是从动轮齿顶圆与啮合线 $\overline{N_1N_2}$ 的交点 B_2；同理，两轮齿分开点 B_1 是主动轮的齿顶圆与啮合线 $\overline{N_1N_2}$ 的交点。线段 $\overline{B_1B_2}$ 为啮合点的实际轨迹，称为实际啮合线段。

两齿轮在啮合传动时，如果前一对齿还没有脱离啮合，而后一对轮齿就已进入啮合，则称为连续传动。要使齿轮满足连续传动，如图 6 - 12 所示，应保证第一对轮齿在 K 点啮合尚未达到啮合终点 B_1 时，第二对轮齿已在啮合始点 B_2 开始啮合。因此，保证两齿轮连续传动的条件是：

$$\overline{B_1B_2}\geqslant\overline{B_2K}$$

由渐开线的性质可知，线段 $\overline{B_2K}$ 等于基圆齿距 p_b，把实际啮合线长度与基圆齿距的比称为重合度，以 ε 表示，即

$$\varepsilon=\frac{\overline{B_1B_2}}{p_b}\geqslant 1 \tag{6-9}$$

重合度 ε 越大，则同时参加啮合的轮齿对数越多，传动越平稳。重合度的详细公式可查阅有关机械设计手册。对于标准直齿圆柱齿轮传动，其重合度一般大于 1，可保证其连续传动。

任务小结

渐开线直齿圆柱齿轮的正确啮合条件是：模数、压力角必须分别相等，齿轮重合度必须大于等于 1。

1. 渐开线齿轮的优点

中心距安装误差不影响齿轮瞬时传动比。

2. 啮合

指两机械零件间的一种传动关系，称为啮合传动。齿轮传动是最典型的啮合传动，也是应用最广泛的一种传动形式。根据传动原理的不同，有直齿齿轮啮合传动和斜齿齿轮啮合传动。

3. 啮合的优点

能适应很宽范围的速度和功率传动。其圆周速度可从很低到高达 300 m/s，传动效

率较高、工作寿命长、传动平稳、可靠性高，能保证瞬时传动比恒定，能实现各种位置要求的两轴传动。

4. 结构组成

齿轮啮合传动通常由主动齿轮、从动齿轮和机架组成。

5. 应力组成

根据两齿轮啮合传动过程中齿轮齿廓不同，齿轮啮合传动工作时所受的应力有两种情况。

任务五　渐开线齿轮的加工原理与根切现象

任务描述

渐开线齿轮加工方法有哪些？加工原理是什么？

任务分析

主要的齿轮制造方法有：

1. 切削加工法

其中又分仿形法和展成法。仿形法是用与齿槽相同或近似的刀具切去齿槽而得到齿轮的形状，如用指状或盘状刀铣齿轮、刨齿轮等，加工的精度和生产效率都较低。展成法是模拟一对齿轮的啮合运动，一方为工件，另一方为刀具切出齿形，如滚齿、插齿等，加工精度和生产效率都比较高。

2. 铸造法

常用于精度要求不高的大模数齿轮的制造，精度低、效率高。

齿轮的原理与制造是机械制造的重要部分，涉及的理论知识也比较广，不是三言两语能讲得清楚的。

知识准备

6.5.1　加工方法

渐开线齿轮的加工方法很多，如锻造、铸造、冲压、热轧和切削加工等，目前应用最多的是切削法，按其加工原理可分为仿形法和展成法两种。

1. 仿形法

用仿形法加工齿轮所用的刀具有盘状铣刀[如图 6 - 13(a)所示]和指状铣刀[如图 6 - 13(b)所示]，用与齿槽形状相同的成形铣刀加工齿形的方法称为仿形法。

加工时，铣刀绕自己的轴线回转，同时轮坯沿其轴线做直线移动。铣完一个齿槽后，用分度头将轮坯转过$\frac{360^\circ}{z}$，再铣第二个槽，这样直至铣完全部齿槽为止。

因渐开线齿廓的形状与基圆大小有关，由 $r_b = r\cos\alpha = mz\cos\frac{\alpha}{2}$可知，在模数和压力角相同的情况下，齿数不同，基圆半径不同，齿形也就不同。因此，加工同模数而不同齿数的齿轮，要得到正确的齿形，就得用不同的铣刀，这显然是不切实际的。为了减少刀具的数量，对同一模数的铣刀只备 8 把或 15 把一套，每把铣刀可铣一定齿数范围的齿轮，表 6 - 3 是 8 把一套铣刀的具体规定。

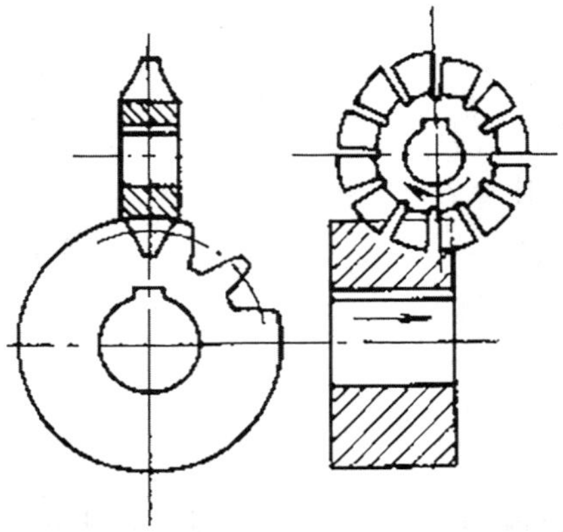

(a)盘状铣刀加工

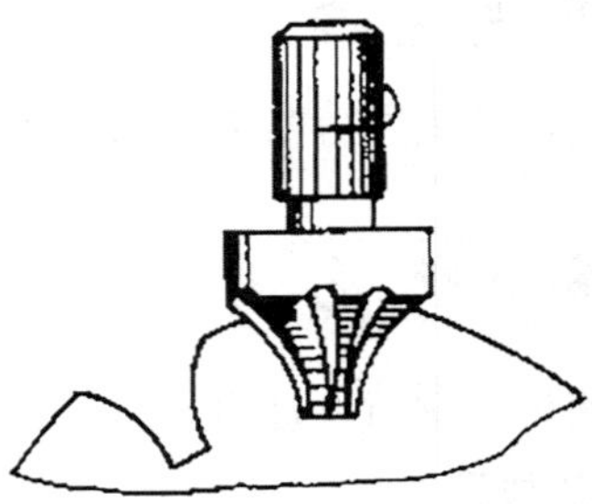

(b) 指状铣刀加工

图 6 - 13 仿形法加工齿轮

表 6 - 3 齿轮铣刀刀号及加工的齿数范围

刀号	1	2	3	4	5	6	7	8
加工齿数范围	12～13	14～16	17～20	21～25	26～34	35～54	55～134	≥135

仿形法加工精度低，切削得不连续使生产率低，但这种方法简单，不需要专用机床，故仅适用于单件或小批量生产及精度要求不高的齿轮。

2. 展成法

利用一对齿轮或齿条齿轮互相啮合传动时，其两齿轮齿廓互为包络线的原理加工齿轮的方法被称为展成法。把其中一个渐开线齿轮做成刀具，就可以切出另一个齿轮上与它共轭的渐开线齿廓。用这种方法加工齿轮采用的刀具主要有齿轮插刀、齿条插刀和齿轮滚刀。

(1)齿轮插刀

齿轮插刀是一个具有切削刃的齿轮，其齿顶比齿轮高出 $c^* m$，以使切出顶隙部分，如图 6－14(a)所示，为用齿轮插刀加工的齿轮。插齿时，插刀与轮坯按一定的传动比转动，像一对啮合传动的齿轮，插刀与轮坯之间的这一相对转动称为展成运动。在插刀沿轮坯齿宽方向做往复切削运动的同时，插刀刀刃在各个位置的包络线形成了齿轮的渐开线齿廓。

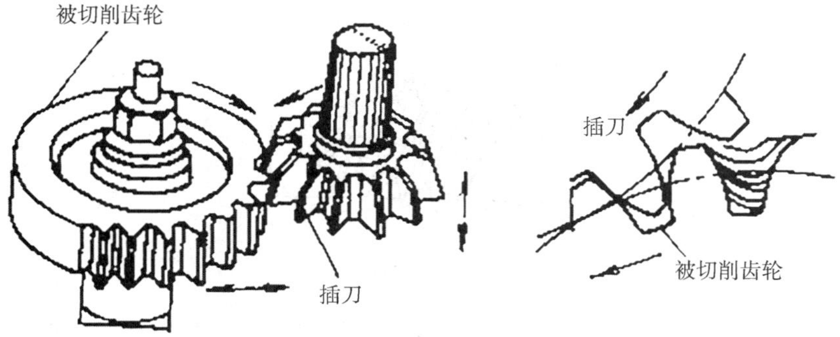

图 6－14　齿轮插刀加工齿轮

(2)齿条插刀

当齿轮插刀的齿数增加到无穷多时，其基圆半径变为无穷大，渐开线齿廓变为直线齿廓，而齿轮插刀变为齿条插刀，其加工齿轮的原理与齿轮插刀加工齿轮相同，如图 6－15 所示。齿条插刀与轮坯按啮合关系($v=\omega \frac{m\pi}{2}$)做相对的移动和转动，同时齿条插刀做上下的切削运动，从而将轮坯的齿槽材料切削掉。

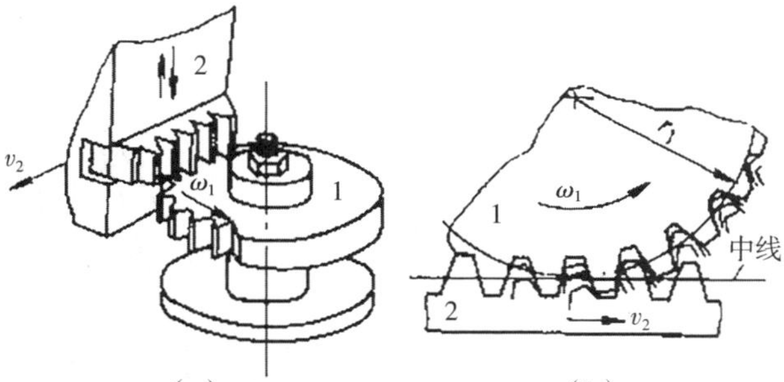

图 6－15　齿条插刀加工齿轮

(3)齿轮滚刀

用齿轮插刀和齿条插刀加工齿轮时，因其切削是间断的，所以生产效率低。在生产中广泛采用齿轮滚刀来加工齿轮，它能连续切削，生产效率较高。如图 6－16 所示为齿轮滚刀加工齿轮的情形。齿轮滚刀是具有斜槽(纵向)的蜗杆形状的刀具，其加工齿轮原理与齿条插刀加工齿轮原理基本相同。当齿轮滚刀绕其轴线回转时，轮坯也绕其轴线做回转运动，在轮坯回转面内相当于齿条与齿轮的啮合传动。同时，滚刀沿轮坯轴线做进给运动，从而切出整个齿轮的轮齿。

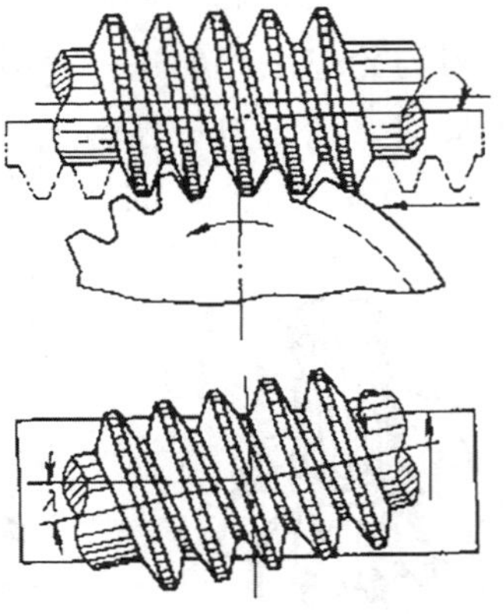

图 6-16　滚刀加工齿轮

用展成法加工齿轮，一把刀具可加工出同模数、同压力角而不同齿数的所有齿轮。其加工精度较高，生产效率也高，所以应用较广泛。

6.5.2　根切现象与最少齿数

1. 根切现象

用展成法加工渐开线齿轮时，有时会出现刀具顶部切入了齿轮根部，将齿根的渐开线齿廓切掉一部分的现象，这种现象被称为根切。如图 6-17 所示，根切使齿轮的抗弯强度削弱，使重合度减小，影响齿轮传动的平稳性，因此应尽量避免。

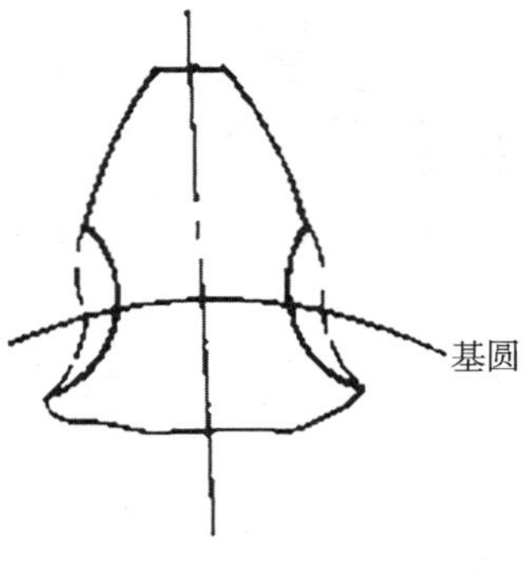

图 6-17　产生根切的轮齿

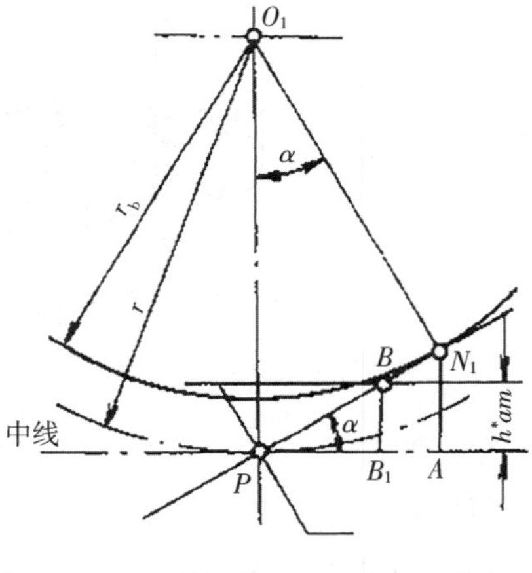

图 6-18　轮齿是否根切的参数关系

2. 产生原因

如图 6-18 所示，因用展成法加工齿轮时刀具的模数、压力角和齿顶高系数为定值，所以在刀具一定的情况下，其齿顶线与啮合线的交点 B_2 为一定点。而是否发生根切，取决于啮合线与被切齿轮基圆的切点 N_1（啮合极限点）的位置是否在 B_2C 之间。当被切齿轮的基圆半径 r_b' 小于 $r_{b\,min}$ 时，其啮合极限点 N_1' 在 B_2C 之间，产生根切；反之，当被切齿轮的基圆半径 r_b' 大于 $r_{b\,min}$ 时，其啮合极限点 N_1' 在 B_2C 之外，不产生根切。

3. 不根切的最少齿数

当基圆半径等于 $r_{b\,min}$ 时，捏合极限点 N_1 正好与 B_2 点重合，处于不发生根切的极限状态，此时的齿数称为标准齿轮不发生根切的最少齿数，用 z_{min} 表示。如图 6 - 18 得，

$$\overline{CB_2}=\frac{h_a^* m}{\sin\alpha}=\overline{CN_1}=r_{b\,min}\sin\alpha=\frac{mz_{min}}{2}\sin\alpha$$

所以，

$$z_{min}=\frac{2h_a^*}{\sin^2\alpha} \qquad (6-10)$$

当 $h_a^*=1$，$\alpha=20°$ 时，$z_{min}=17$；而当 $h_a^*=0.8$ 时，$z_{min}=14$。

即对于正常齿制，$z_{min}=17$。若允许略有根切，则实际最少齿数可取 14。

任务小结

渐开线齿轮加工方法有两大类，一个是仿形法，用成形铣刀铣出齿轮的齿槽，是“模仿形状”的。另一个是展成法，如插齿、滚齿、剃齿、磨齿等。此类方法是根据齿轮啮合原理加工齿轮的，齿轮刀具就是和被加工齿轮啮合的“齿轮、齿条”。

任务六　变位齿轮传动简介

任务描述

为什么要对标准齿轮进行变位？

任务分析

变位齿轮与标准齿轮相比，其模数、齿数、压力角均无变化。但是正变位时，齿廓曲线段离基圆较远，齿顶圆和齿根圆也相应增大，齿根高减小，齿顶高增大，分度圆齿厚与齿根圆齿厚都增大，但齿顶容易变尖；负变位时，齿廓曲线段离基圆较近，齿顶圆和齿根圆也相应减小，齿根高增大，齿顶高减小，分度圆齿厚和齿根圆齿厚都减小。

在加工标准齿轮的位置上，如果齿轮刀具靠近齿轮一段距离 x m，则得到负变位齿轮；如果齿轮刀具远离齿轮一段距离 x m，则得到正变位齿轮。x 就是变位系数，负变

位时是负值，正变位时是正值；m 是齿轮模数。变位量是 x 与 m 的乘积。变位齿轮，模数、压力角、分度圆直径、齿距都不变；正变位齿轮，齿厚、齿根圆、齿顶圆都变大，齿根高变小、齿顶高变大；负变位齿轮则相反。变位齿轮的齿厚 $=\frac{\pi m}{2}+2xm\tan\alpha$ ，注意变位系数的“+”“−”。变位齿轮的齿根圆直径等于标准齿轮时的齿根圆直径“加上”2倍变位量。变位齿轮的齿顶圆直径，在单个变位齿轮时是无法确定的，需要知道一对齿轮参数和实际中心距才能确定。

知识准备

6.6.1 标准齿轮传动的缺点

渐开线标准齿轮具有设计计算比较简单、互换性好等优点，因而应用广泛。但标准齿轮也存在一些缺点：

(1)采用标准齿轮受到最少齿数 z_{min} 的限制。当齿数 $z<z_{min}$ 时，用展成法加工的齿轮必然会产生根切。

(2)在齿轮齿数对齿轮磨损程度的影响中，一对标准齿轮传动，小齿轮容易磨损，并且它的齿根弯曲程度较弱，特别是两齿轮齿数相差很多时，这种现象更为严重。

(3)标准齿轮传动受到中心距 $a=\frac{m}{2}(z_1+z_2)$ 的限制。当实际中心距 $a'>a$ 时，采用标准齿轮传动能够保持传动比等于常数，但会出现较大的齿侧间隙，引起冲击和噪声，重合度也会较小。当 $a'<a$ 时，采用标准齿轮传动，显然无法安装。

6.6.2 变位齿轮的概念

标准齿轮在设计计算时比较简单，因而得到了广泛的应用。但标准齿轮也有许多不足之处，于是出现了变位齿轮。

用齿条形刀具加工齿轮，若刀具的中线与被加工齿轮分度圆相切，则加工出的齿轮是标准齿轮($s=e$)，如图 6 - 19(a)所示。否则，加工出来的齿轮称为变位齿轮($s\neq e$)，如图 6 - 19(b)(c)所示。为了避免根切，可将刀具的安装位置远离轮坯中心一段距离 x m，使其刀具齿顶线刚好通过啮合极限点 N_1，如图 19 中实线位置所示，则切制出的齿轮不再出现根切。这种切制齿轮的方法为变位齿轮。以刀具切削标准齿轮的位置为基准，刀具移动的距离 x m 为变位量，x 为变位系数。规定刀具远离轮坯的变位为正变位($x>0$)，切出的齿轮为正变位齿轮；刀具移近轮坯的变位为负变位($x<0$)，相应切出的齿轮为负变位齿轮。

因齿条刀具在不同高度上的齿距 p、压力角 α 都是相同的，所以无论位置如何变化，切制出的变位齿轮的模数、压力角与齿条中线上的相同，为标准值。它的分度圆直径和基圆直径均与标准齿轮相同，其齿廓曲线和标准齿轮的齿廓曲线为同一基圆形成的渐开线，只是截取位置不同。因为变位齿轮的某些参数与标准齿轮不同，所以在加工变位齿轮时，在保证被切制的齿轮不产生根切的同时，要保证齿轮具有足够的齿顶厚度，一般要求 $s_a \geqslant (0.25 \sim 0.4)m$。

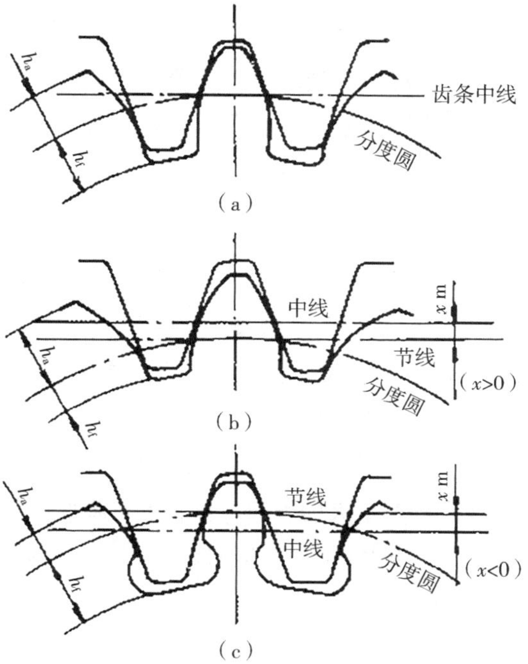

图 6-19　标准齿轮与变位齿轮比较

(a)标准齿轮　(b)正变位齿轮　(c) 负变位齿轮

采用变位加工时，不仅可以避免产生根切，还可以克服标准齿轮的一些缺点，达到拼凑中心矩的目的。

6.6.3　变位齿轮的类型

根据一对齿轮的变位系数之和(x_1+x_2)数值的不同，可将变位齿轮的传动分为以下3种类型：

1. 零传动

若一对齿轮传动的变位系数之和等于零($x_1+x_2=0$)，即零传动。零传动又可以分为两种情况：

(1)若 $x_1=x_2=0$，则这种齿轮传动就是标准齿轮传动；

(2)若 $x_1=-x_2$，则其安装中心矩 $a'=a$，啮合角 $\alpha'=\alpha$，但两个齿轮的齿顶高、齿根高都发生了变化，全齿高不变，这种变位传动又被称为高度变位齿轮传动。

2. 正传动

若一对齿轮传动的变位系数之和大于零($x_1+x_2>0$)，则为正传动。正传动变位齿轮的中心矩大于标准中心矩、啮合角大于分度圆压力角，$a'>a$，$\alpha'>\alpha$，故又被称为正角度变位齿轮传动。正传动有利于提高其强度和使用寿命，因此在机械中广泛应用。

3. 负传动

若一对齿轮传动的变位系数之和小于零($x_1+x_2<0$)，则为负传动。负传动变位齿轮的中心矩小于标准中心矩、啮合角小于分度圆压力角，$a'<a$，$\alpha'<\alpha$，故又被称为负角度变位齿轮传动。这种传动对齿轮根部强度有削弱作用，一般只在需要调整中心矩($a'<a$)时才有应用。

任务小结

原因有三个：

(1)一对啮合的标准齿轮，由于小齿轮齿根厚度薄，参与啮合的次数又较多，因此强度较低，容易损坏，影响了齿轮传动的承载能力。

(2)标准齿轮中心距用 a 表示，若实际需要的中心距(用 A 表示)$A<a$ 时，就根本无法安装；若 $A>a$，可以安装，却产生大的侧隙，重合度也降低，都影响了传动的平稳性。

(3)若滚齿切制的标准齿轮(压力角为 20 度)齿数小于 17，则会发生根切现象，影响实际使用。

任务七　圆柱齿轮传动精度简介

任务描述

圆柱齿轮传动有哪些精度要求?

任务分析

圆柱齿轮是用于传递平行轴间动力和运动的一种齿轮传动。圆柱齿轮传动的传递功率和速度适用范围大，功率可从小于千分之一瓦到 10 万千瓦，速度可从极低到 300 米/秒。这种传动工作可靠，寿命长，传动效率高(可达 0.99 以上)，结构紧凑，运转维护简单。但加工某些精度很高的齿轮，需要使用专用的或高精度的机床和刀具，因而制造工艺复杂，成本高；而低精度齿轮则常发生噪声和振动，无过载保护作用。

按轮齿与齿轮轴线的相对关系，圆柱齿轮传动可分为直齿圆柱齿轮传动、斜齿圆柱齿轮传动和人字齿圆柱齿轮传动三种。按啮合形式可分为：外啮合齿轮传动，由两个相啮合的外齿轮组成，两轮转向相反；内啮合齿轮传动，由一个内齿轮和一个外齿轮组成，两轮转向相同；齿轮齿条啮合传动，由一个外齿轮和齿条组成，可将齿轮的转动变为齿条的直线运动，而且外齿轮的节圆圆周速度等于齿条的移动速度。

知识准备

6.7.1　齿轮精度要求

齿轮传动的基本要求是传动准确、平稳及承载能力较强，但是在齿轮加工和齿轮副安装过程中总存在误差，从而影响齿轮传动的准确性、平稳性和载荷的均匀性。为此，除了设计时要选择合适的齿廓和轮齿形状以外，制造时还要保证有足够的精度。根据齿轮的使用要求，齿轮的精度由以下几个方面组成。

1. 运动精度

运动精度是指齿轮传动中传递运动的准确性。通常以齿轮每回转一周时，其转角误差来反映。转角误差越小，传递运动越准确，传动比越准确。

2. 工作平稳性精度

齿轮在传动过程中，由于齿形及齿距的制造误差，致使瞬时传动比不能保持常数，即齿轮在每转一周的过程中多次重复出现速度波动，特别在高速传动中将会引起振动、冲击和噪声。工作平稳性精度就是在齿轮回转的一周中，其瞬时传动比变化的限度。瞬时传动比变化越小，齿轮副传动越平稳。

3. 接触精度

接触精度是指齿轮在传动中，工作齿面承受载荷的分布均匀性。齿轮在传动过程中，工作齿面直接承受载荷，如果接触不均匀，将造成局部应力过大，使轮齿过早地磨损，缩短齿轮的工作寿命。接触精度常用齿轮副的接触斑点面积的多少(占整个齿面的百分比)和接触位置来表示。

4. 齿轮副的侧隙

齿轮副的侧隙是指相互啮合的非工作齿面之间的间隙。齿轮传动时将受热变形以及受热膨胀，因此齿轮非工作齿面之间应留有一定的侧隙，以防止齿轮副出现卡死现象，同时还可储存润滑剂，改善齿面的摩擦条件。齿轮副的侧隙通常通过选择适当的齿厚极限偏差和控制齿轮副中心矩来保证。

6.7.2　渐开线圆柱齿轮精度国家标准、精度等级及选择原则

1. 国家标准

我国现行的齿轮精度标准体系包括 2 个推荐性国家标准(GB/T 10095.1-2008《渐开线

圆柱齿轮 精度 第1部分：轮齿同侧齿面偏差的定义和允许值》、GB/T 10095.2-2008《渐开线圆柱齿轮 精度 第2部分：径向综合偏差与径向跳动的定义和允许值》)和4个指导性技术文件(GB/Z 18620.1-2008～18620.4-2008《圆柱齿轮 检验实施规范 第1部分：轮齿同侧齿面的检验》《圆柱齿轮 检验实施规范 第2部分：径向综合偏差、径向跳动、齿厚和侧隙的检验》《圆柱齿轮 检验实施规范 第3部分：齿轮坯、轴中心矩和轴线平行度》《圆柱齿轮 检验实施规范 第4部分：表面结构和轮齿接触斑点的检验》)。

2. 精度等级

国家标准 GB/T 10095.1-2008 对渐开线圆柱齿轮及其齿轮副规定了0～12的13个精度等级。精度由高到低的顺序依次用数字0、1、2、3、4、5、6、7、8、9、10、11、12表示(通常3～5级为高精度，6～8级为中等精度，9～12级为低精度)。在齿轮传动中，两个齿轮的精度等级一般相同，也允许用不同的精度等级组合。

轮齿加工时，由于轮坯、刀具在机床上的安装误差，机床和刀具的制造误差以及加工时所引起的振动等原因，加工出来的齿轮存在着不同程度的误差。加工误差大、精度低、将影响齿轮的传动质量和承载能力；若精度要求过高，将给加工带来困难，提高制造成本。因此，应根据齿轮的实际工作需要，对齿轮加工精度提出适当的要求。齿轮的精度等级应根据传动的用途、使用条件、传递功率、圆周速度及经济技术指标决定。

6.7.3 齿轮精度等级的通常选择

通常选择齿轮精度等级可参考表6-4和表6-5

表6-4 不同机械中的传动齿轮通常采用的精度等级

应用范围	精度等级	应用范围	精度等级
测量用齿轮	2～5	通用减速器	6～9
透平机齿轮	3～6	载重汽车、拖拉机	6～9
金属切削机床	3～8	轧钢机	5～10
航空发动机	4～7	矿用绞车(卷扬机)	8～10
机车	6～7	起重机械	6～10
轻型汽车	5～8	农用机械	8～11

表6-5 齿轮的圆周速度(m/s)与常用精度等级

精度等级	直齿轮	斜齿轮	精度等级	直齿轮	斜齿轮
4	>40	>70	7	≤10	≤15
5	>20	>40	8	≤6	≤10
6	≤15	≤30	9	≤2	≤4

任务小结

圆柱齿轮传动的精度要求主要有：运动精度、工作平稳性、接触精度等几方面要求。

1. 要求一转范围内传动比的变化尽量小，以保证传递运动准确。(运动准确)

2. 要求瞬时传动比的变化尽量小，以保证传动平稳，冲击及振动小，噪声低。(工作平稳)

3. 要求在受载下工作齿面能够良好接触，以保证足够的承载能力和使用寿命。(接触精度)

4. 要求齿轮副有适当的齿侧间隙(啮合轮齿的非工作面间的间隙，以补偿热变形和贮存润滑油)。

任务八 齿轮的失效形式与计算准则

任务描述

齿轮传动常见的失效形式是什么?

任务分析

齿轮传动的失效是机械设备失效的形式之一，是指在运行中失去设计功能或者发生损伤失效。例如，一部机床失去加工精度、一台减速器齿轮断裂，都是失效，有时是部分失效，有时是整体失效。失效分析的任务就是找出失效的主要原因，并以此制定改进措施与对策，以防止同类失效再次发生。失效分析是提高产品质量的重要手段。通过对大量事故(有些是灾难性事故)进行分析，人们认识到失效分析工作的重要性。在许多现代的先进企业中，失效分析已成为一项重要的工作。

知识准备

6.8.1 齿轮的失效形式

齿轮在传动过程中发生轮齿折断、齿面损坏等现象，从而失去其正常的工作能力，这种现象被称为齿轮轮齿的失效。常见的轮齿失效形式有以下几种：

1. 轮齿折断

齿轮在工作时，作用在轮齿上的交变载荷将使齿根部分产生较大的弯曲应力。此外，在齿根圆周处还有严重的应力集中，使得轮齿折断常发生在齿根部分。如图 6 - 20 所示。

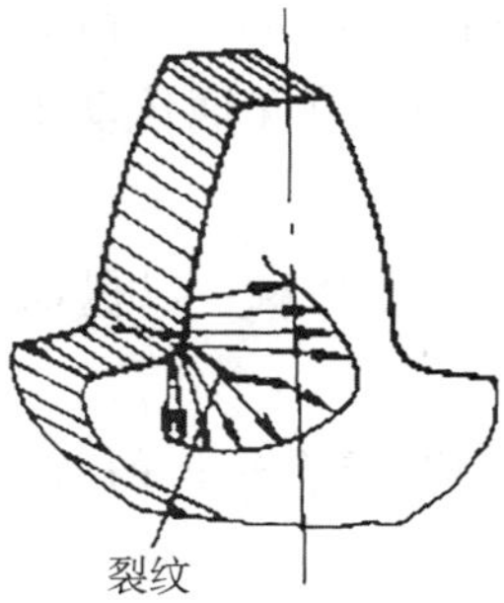

图 6 - 20　齿根疲劳折断

轮齿折断有两种情况：一是随着轮齿根部疲劳裂纹的扩展，导致的轮齿折断，称为疲劳断裂；二是由于轮齿受到短时期的严重过载或冲击载荷作用而发生的突然折断，称为过载折断。

通过正确地选择材料、采用适当的热处理方法、选择适当的模数、采用变位齿轮增大齿根厚度等都可以避免轮齿疲劳折断。

2. 齿面疲劳点蚀

轮齿工作时，轮齿啮合面在法向应力的作用下，产生脉动循环应力。当这种应力超过材料的接触疲劳极限时，在轮齿表面(图 6 - 21 所示)产生细小的疲劳裂纹，随着裂纹的不断蔓延扩展，将使表层金属微粒脱落而形成不规则的小坑和麻点，这种现象被称为疲劳点蚀。点蚀大多出现在靠近节线的齿根表面上。

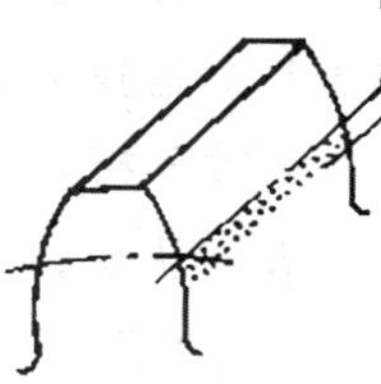

图 6 - 21　齿面点蚀

实践表明，齿面硬度 HBW≤350 的闭式传动中，齿面疲劳点蚀是其主要的失效形式。

通过提高齿面硬度、降低齿面粗糙度值、进行适当的润滑、采用变位齿轮传动等措施都可以提高齿面抗点蚀能力。

3. 齿面磨损

齿轮在啮合过程中，由于齿面间有相对滑动，故在载荷作用下，必然会产生磨损。

齿面磨损有两种情况：一种是由于灰尘、砂粒、铁屑等落入啮合表面而引起的磨粒磨损，在开式传动中，磨粒磨损是主要的失效形式；另一种是由于两齿面在相对滑动中互相摩擦所引起的跑合磨损。严重的磨损将使齿面失去渐开线形状，齿侧间隙增大，从而产生冲击和噪声，甚至造成轮齿折断。在闭式传动中，通过选择合适的材料、热处理方法、降低表面粗糙度值、定期更换润滑油等都可以减轻磨损。

4. 齿面胶合

在高速重载的齿轮传动中，由于齿面压力较大，工作区产生大量的热使得啮合区的温度升高，润滑油变稀，引起润滑失效，从而使两齿面在局部接触区因发生高温软化或熔化而相互粘连，其中软齿面上的金属沿滑动方向被撕下来而形成胶合沟纹，这种现象被称为胶合，如图 6 - 22 所示。

为了提高齿面抗胶合能力，对于低速重载传动应选用黏度大的润滑油，对于高速重载传动应选用抗胶合剂的润滑油。通过选用不同的齿轮材料组合、提高齿面硬度和降低表面粗糙度值等也是防止胶合的有效措施。

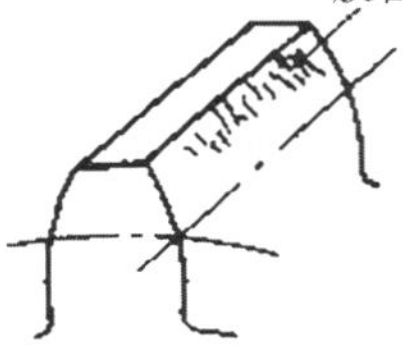

图 6 - 22　齿面胶合

5. 齿面塑性变形

未经硬化处理的软齿面齿轮，在较大载荷的作用下轮齿表面材料会沿着摩擦力的方向产生局部的塑性变形，使齿面失去了渐开线齿形，而使传动失效。这种失效形式多发生在低速重载、频繁启动和过载传动中。

6.8.2　齿轮传动的设计计算准则

齿轮的失效形式分析为齿轮的设计和制造、使用与维护提供了可靠的科学依据。上述的五种常见的齿轮失效形式是相互影响的，但是，在一定条件下可能有一两种失效形式是主要的。为此，在设计齿轮传动时，应根据实际工作条件，分析其可能发生的失效形式，选择相应的齿轮强度计算准则进行设计计算。目前对于齿面磨损、塑性变形等无可靠的计算方法，在实际工程中通常只按轮齿折断和齿面点蚀进行设计。

对于软齿面(HBW≤350)闭式齿轮传动，其主要失效形式是点蚀，通常应按照齿面接触疲劳强度进行设计，确定齿轮的主要参数和尺寸，再校核其齿根弯曲疲劳强度。

对于硬齿面(HBW＞350)闭式齿轮传动，轮齿折断是其主要的失效形式，因此应按齿根弯曲疲劳强度进行设计，确定齿轮的模数和尺寸，然后校核齿面接触疲劳强度。

在开式齿轮传动中，其主要失效形式是齿面磨损和轮齿弯曲疲劳折断。对于齿面磨损，目前尚无完善的计算方法，因此，常按齿根弯曲疲劳强度计算，可用适当增大模数来考虑磨损的影响。

任务小结

齿轮传动是靠齿与齿的啮合进行工作的，轮齿是齿轮直接参与工作的部分，所以齿轮的失效主要发生在轮齿上。主要的失效形式有轮齿折断、齿面点蚀、齿面磨损、齿面胶合以及塑性变形等。

在高速重载的齿轮传动中，齿面间的压力大、温度升高、润滑效果差，当瞬时温度过高时，将使两齿面局部熔化、金属相互粘连，当两齿面做相对运动时，粘住的地方被撕破，从而在齿面上沿着滑动方向形成带状或大面积的伤痕。

低速重载的传动不易形成油膜，摩擦发热虽不大，但也可能因重载而出现冷胶合。采用黏度较大或抗胶合性能好的润滑油，降低表面粗糙度以形成良好的润滑条件，提高齿面硬度等均可增强齿面的抗胶合能力。

硬度较低的软齿面齿轮，在低速重载时，由于齿面压力过大，在摩擦力作用下，齿面金属产生塑性流动而失去原来的齿形。提高齿面硬度和采用黏度较高的润滑油，均有助于防止或减轻齿面塑性变形。

任务九　渐开线直齿圆柱齿轮传动的强度计算

任务描述

渐开线直齿圆柱齿轮传动的强度计算准则是什么？

知识准备

6.9.1　轮齿的受力分析

在对轮齿进行强度计算时，以及设计轴和轴承等轴系零件时，都需要对齿轮传动进行受力分析。齿轮啮合传动时，由于加以润滑，齿面上的摩擦力可以忽略不计。如图 6-23 所示，为一对直齿圆柱齿轮传动，在忽略摩擦力的情况下，只沿啮合线方向作用的法向力 F_n。

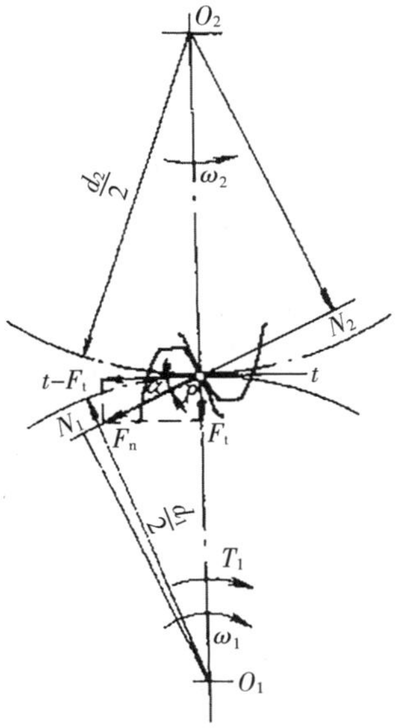

图 6 - 23　直齿圆柱齿轮受力分析

取主动小齿轮为研究对象，将法向力 F_n分解为沿圆周方向和半径方向的互为垂直的切向力 F_t和径向力 F_r，其大小分别为

切向力　$$F_{t1}=\frac{2T_1}{d_1} \tag{6-11}$$

径向力　$$F_{r1}=F_{t1}\tan\alpha \tag{6-12}$$

法向力　$$F_{n1}=\frac{F_{t1}}{\cos\alpha} \tag{6-13}$$

$$T_1=9.55\times10^6\ \frac{P_1}{n_1}$$

式中：T_1——主动轮传递的转矩(N・mm)

P_1——主动轮传递的功率(kW)

n_1——主动轮的转速(r/min)

d_1——主动轮分度圆直径(mm)

α——压力角，$\alpha=20°$

如图 6 - 23 所示，根据作用力与反作用力的关系，作用在主动轮上和从动轮上的各对力大小相等、方向相反。切向力 F_t的方向在主动轮上与运动方向相反，是工作阻力，在从动轮上与运动方向相同，是驱动力。径向力 F_r的方向对于两轮都是指向各自的轮心。

6.9.2　计算载荷

以上分析是在理想的平稳工作条件下进行的，其载荷被称为名义载荷。实际上，齿轮在工作中要受到工作情况、速度波动、同时啮合的轮齿对数及载荷沿齿长线方向分布情况等多种因素的影响，所受载荷要比名义载荷大。为使计算的齿轮受载情况接近实际载荷，引入载荷系数 K，得

$$F_{nc}=KF_n \text{ 或 } F_{tc}=KF_t \tag{6-14}$$

式中：K——载荷系数，根据原动机和工作机情况可查表 6-6。

表 6-6　载荷系数 K

原动机	工作机械的载荷特性		
	平稳	中等冲击	强烈冲击
电动机	1～1.2	1.2～1.6	1.6～1.8
多缸内燃机	1.2～1.6	1.6～1.8	1.9～2.1
单缸内燃机	1.6～1.8	1.8～2.0	2.2～2.4

注：斜齿、圆周速度低、精度高、齿宽系数小时取小值，反之取大值；齿轮在两轴承之间对称布置时取小值，非对称布置及悬臂布置时取大值。

6.9.3　齿面接触疲劳强度计算

一对轮齿的啮合，可看作两个曲率半径随时变化着的平行圆柱的接触过程，如图 6-24 所示。齿面接触疲劳强度计算是针对齿面疲劳点蚀失效形式进行的，点蚀与两齿面的接触应力有关。因渐开线各点的曲率半径不同，故每个啮合位置的接触应力不同。根据齿轮啮合原理，渐开线直齿圆柱齿轮在节点 P 处为单齿对啮合，相对速度为零，润滑条件不良，承载能力最弱，故点蚀多发生在节线附近的齿根表面，因此常以节点为计算对象。

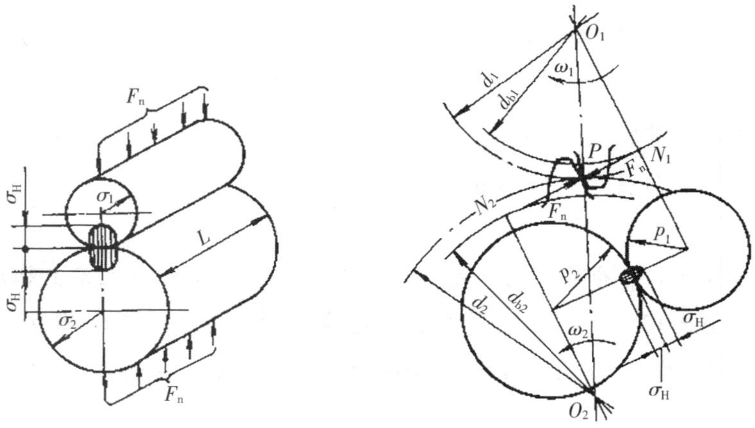

(a)平行圆柱的接触应力　　(b)齿轮节点处的接触应力

图 6-24　接触应力

为了防止齿面出现疲劳点蚀，齿面接触疲劳强度应满足

$$\sigma_H \leqslant [\sigma_H]$$

式中：σ_H——接触应力(MPa)；

$[\sigma_H]$——许用接触应力(MPa)。

根据弹性力学计算接触应力的赫兹公式，代入齿轮相应参数，推导得齿面的接触应力为

$$\sigma_H = 671\sqrt{\frac{KT_1(i+1)}{bd_1^2 i}} \leqslant [\sigma_H] \tag{6-15}$$

式中：b——齿宽(mm)，取两轮的接触宽度；

i——传动比，$i=\frac{z_2}{z_1}>1$。

表 6-7 齿宽系数 φ_d

齿轮相对于轴承的位置	软齿面	硬齿面
对称布置	0.8～1.4	0.4～0.9
非对称布置	0.6～1.2	0.3～0.6
悬臂布置	0.3～0.4	0.2～0.25

注：直齿圆柱齿轮取小值，斜齿轮取大值；载荷平稳、刚度大宜取大值，反之取小值。

应用上述公式应注意以下两点：

(1)两齿轮齿面接触应力 $\sigma_{H1}=\sigma_{H2}$，由于两齿轮材料、热处理不同，使其齿面硬度不同，所以两轮的齿面许用应力$[\sigma_{H1}]\neq[\sigma_{H2}]$，设计时应将较小值代入计算。

(2)如果两齿轮材料不全是钢，式中常数 671 应修正为 $671\times\frac{Z_E}{189.8}$，其中 Z_E为弹性系数，见表 6-8。

表 6-8　弹性系数 Z_E

小齿轮材料	大齿轮材料			
	钢	铸钢	球墨铸铁	铸铁
钢	189.8	188.9	181.4	162.0
铸钢		188.0	180.5	161.4
球墨铸铁			173.9	156.9
铸铁				143.7

引入齿宽系数 $\varphi_d=\frac{b}{d_1}$，则上式可变为

$$d_1 \geqslant \sqrt[3]{\left(\frac{671}{[\sigma_H]}\right)^2 \frac{KT_1(i+1)}{\varphi_d i}} \tag{6-16}$$

齿宽系数 φ_d 可查表 6 - 7。

6.9.4　齿根弯曲疲劳强度计算

为了防止轮齿因弯曲疲劳而折断，应保证齿轮具有足够的弯曲疲劳强度。在对齿轮进行受力分析时，可将其看作悬臂梁，则轮齿根部为危险截面。可用 30°切线法来确定，即作与齿轮对称中心成 30°夹角并与齿根圆角相切的斜线，两切点的连线为危险截面的位置，如图 6 - 25 所示。

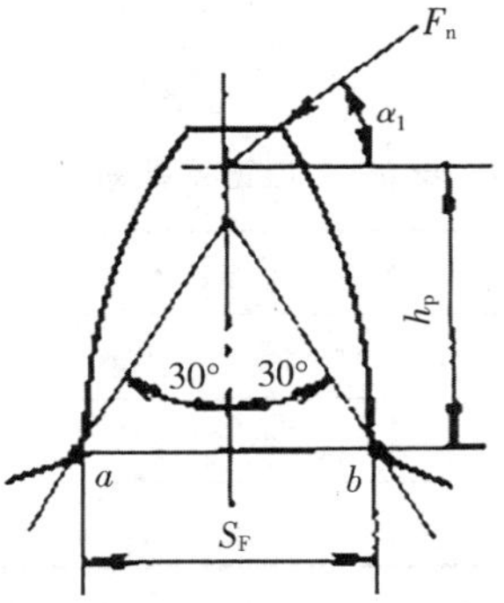

图 6 - 25　齿根弯曲应力

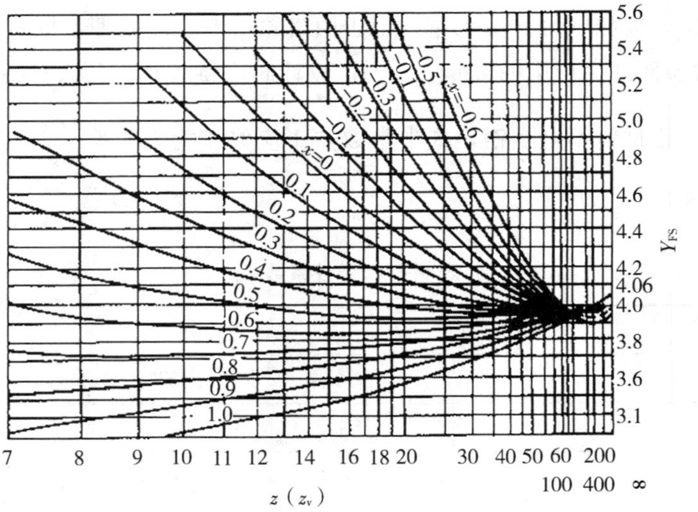

图 6 - 26　复合齿形系数 Y_{FS}

应用材料力学的知识，可得齿根弯曲疲劳强度校核公式

$$\sigma_F = \frac{KF_t Y_{FS}}{bm} = \frac{2KT_1 Y_{FS}}{d_1 bm} \leqslant [\sigma_F] \tag{6-17}$$

将 $b=\varphi_d d_1$ 代入上式得弯曲疲劳强度设计公式：

$$m \geqslant \sqrt[3]{\frac{2KT_1}{\varphi_d z_1^2} \cdot \frac{Y_{FS}}{[\sigma_F]}} \qquad (6-18)$$

式中：Y_{FS}——复合齿形系数，使考虑齿形和齿根应力集中以及压应力、切应力对弯曲应力的影响而引入的系数，可由图 6-26 查得；

$[\sigma_H]$——许用弯曲应力(MPa)。

公式使用说明及参数选择：

(1)软齿面闭式齿轮传动在满足弯曲强度的条件下，为提高传动的平稳性，一般取 $z_1=20\sim40$，速度较高时取较大值；硬齿面的弯曲强度是薄弱环节，宜取较少的齿数，以便增大模数，通常取 $z_2=17\sim20$。

(2)齿宽 $b=\varphi_d d_1$，为保证强度并减小加工量，也为了装配和调整方便，大齿轮齿宽应小于小齿轮齿宽。取 $b_2=\varphi_d d_1$，则 $b_1=b_2+(5\sim10)$mm。

(3)大小两齿轮的齿根弯曲应力 $\sigma_{F1}\neq\sigma_{F2}$，又由于两轮材料和热处理不同，故两轮的许用弯曲应力也不同，所以校核时应分别验算大小齿轮的弯曲强度，应使 $\sigma_{F1}\leqslant[\sigma_{F1}]$，$\sigma_{F2}\leqslant[\sigma_{F2}]$。根据式(6-18)设计时，应代入 $\frac{Y_{FS1}}{[\sigma_{F1}]}$ 与 $\frac{Y_{FS2}}{[\sigma_{F2}]}$ 中较大值。

(4)设计求出的模数应圆整为标准值。动力传动中，一般应使 $m\geqslant(1.5\sim2)$ mm。

任务小结

齿轮传动承载能力计算依据：设计轮辐、轮缘、轮毂等时，由经验公式确定尺寸。

轮齿的强度计算：

(1)齿根弯曲强度计算：应用材料力学弯曲强度公式进行计算。数学模型：将轮齿看成悬臂梁，对齿根进行计算，针对齿根折断失效。

(2)轮齿表面接触疲劳计算：由赫兹公式进行计算。将一对相互啮合的齿看成两个圆柱，针对齿面点蚀失效。

①为了使齿面不发生点蚀破坏，必须限制齿面接触应力，使接触应力 σ_H 满足：$\sigma_H\leqslant[\sigma_H]$。

②为了使轮齿不发生折断，必须限制齿根的弯曲应力。

任务十　齿轮的常用材料、许用应力和圆柱齿轮的结构

任务描述

试设计一级直齿圆柱齿轮减速器中的齿轮传动。已知传递功率 $P_1=10$ kW，主动轮转速 $n_1=970$ r/min，传动比 $i=4.04$，电动机驱动，载荷平稳，单向运转。

任务分析

齿轮设计步骤：

(1)根据运动传动链，确定齿轮传动比。

(2)根据作用在小齿轮上的扭矩，计算作用在轮齿上的圆周力 F_t(径向力和轴向力对于计算轴的强度、刚度有用)。

(3)根据不发生根切现象的最少齿数，确定合理小齿轮的齿数。

(4)选择齿轮材料及热处理方式。

(5)由轮齿弯曲疲劳强度设计公式计算齿轮模数。

(6)由齿面接触疲劳强度设计公式计算齿轮分度圆直径。

(7)根据计算，确定齿轮模数和分度圆直径及齿轮宽度。

(8)确定齿轮几何参数及尺寸(包括齿轮变位参数)。

(9)由齿面接触疲劳强度校核公式和齿面接触疲劳强度校核公式，对齿轮进行校核计算，如有必要还需进行齿面抗胶合能力计算。

(10)齿轮结构设计确定齿轮传动的润滑方式。

知识准备

6.10.1　齿轮的常用材料

根据轮齿的失效形式可知，在设计齿轮传动时，应使齿面有较高的抗点蚀、抗胶合、抗磨损和抗塑性变形的能力，而齿根要具有较高的抗折断及抗冲击的能力。为此，对齿轮材料性能的基本要求是：齿面要硬，齿芯要韧，具有良好的加工性和热处理性。

齿轮常用的材料有优质碳素钢、合金结构钢、铸钢、铸铁和非金属等。它们的牌号及力学性能见表 6 - 9。

一对齿轮中，小齿轮的齿面硬度最好比大齿轮高 30～50 HBW，传动比大时，其硬度差还要大些。

表 6 - 9　齿轮常用材料及其力学性能

材料	牌号	热处理	力学性能					应用范围
			硬度	抗拉强度 σ_b/MPa	屈服点 σ_s/MPa	疲劳极限 σ_{-1}/MPa	极限循环次数	
优质碳素钢	45	正火 调质	170～200 HBW 220～250 HBW	610～700 750～900	360 450	260～300 320～360	10^7	一般传动
		整体淬火	40～45 HRC	1000	750	430～450	(3～4)×10^7	体积小的闭式传动、重载、无冲击
		表面淬火	40～45 HRC	750	450	320～360	(6～8)×10^7	体积小的闭式传动、重载、有冲击
合金结构钢	35SiMn	调质	200～260 HBW	750	500	380	10^7	一般传动
	40Cr 42SiMn 40MnB	调质	250～280 HBW	900～1000	800	450～500		
		整体淬火	45～50 HRC	1400～1600	1000～1100	550～650	(4～6)×10^7	体积小的闭式传动、重载、无冲击
		表面淬火	50～55 HRC	1000	850	500	(6～8)×10^7	体积小的闭式传动、重载、有冲击
	20Cr 20SiMn 20MnB	渗碳淬火	56～62 HRC	800	650	420	(9～15)×10^7	冲击载荷
	20CrMnTi 20MnVB	渗碳淬火		1100	850	525		高速、中载、大冲击
	12CrNi3	渗碳淬火		950		500～550		

续 表

材料	牌号	热处理	力学性能						应用范围
			硬度	抗拉强度 σ_b/MPa	屈服点 σ_s/MPa	疲劳极限 σ_{-1}/MPa	极限循环次数	
铸钢	ZG270-550 ZG310-570 ZG340-640	正火 正火 正火	140～176 HBW 160～210 HBW 180～210 HBW	500 550 600	300 320 350	230 240 260	10^7	v<6～7 m/s 一般传动
铸铁	HT200 HT300		170～230 HBW 190～250 HBW	200 300		100～120 130～150		v<3 m/s 不重要传动
铸铁	QT400-15 QT600-3	正火 正火	156～200 HBW 200～270 HBW	400 600	300 420	200～220 240～260		v<4～5 m/s 一般传动
夹布胶木			30～40 HBW	85～100				高速、轻载
塑料	WC 尼龙		20 HBW	90	60			中、低速、轻载

6.10.2 齿轮的许用应力

齿轮的许用应力是以试验齿轮的疲劳极限应力为基础，并考虑其他影响因素而确定的，与齿轮材料、热处理及齿面硬度有关。

1. 许用接触应力

$$[\sigma_H]=\frac{\sigma_{H\,lim}}{S_{H\,min}} \tag{6-19}$$

式中：$\sigma_{H\,lim}$——试验齿轮在长期持续的交变载荷作用下，齿面保持不点蚀的应力(失效概率为 1%)，其数值如图 6 - 27 所示。

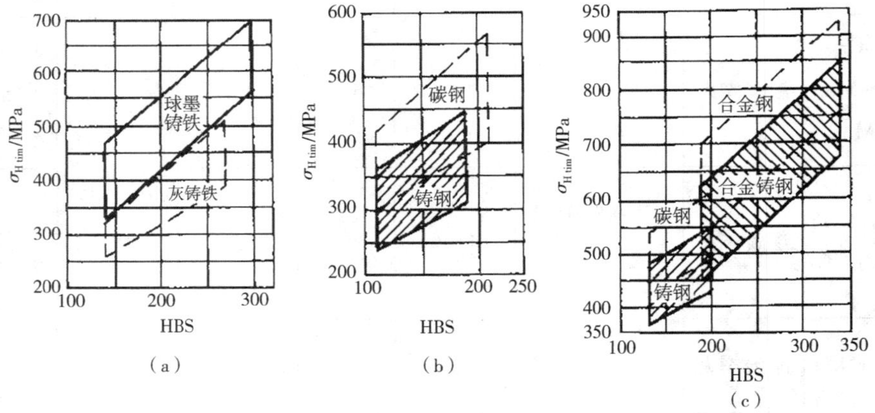

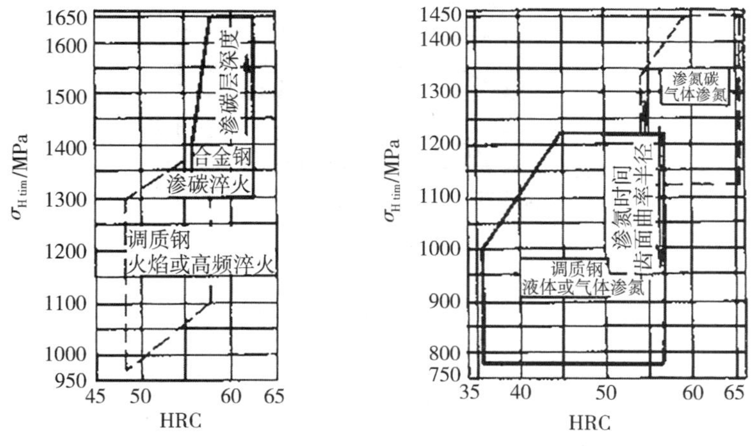

(d)　　　　(e)

图 6－27　齿轮的接触疲劳极限 $\sigma_{H\lim}$

$\sigma_{H\lim}$——齿面接触疲劳强度的最小安全系数，其值查表 6－10。

表 6－10　最小安全系数

齿轮传动的重要性	$S_{H\min}$	$S_{F\min}$
一般	1	1
齿轮破坏会引起严重后果	1.25	1.5

2. 许用弯曲应力

$$[\sigma_F]=\frac{\sigma_{F\lim}}{S_{F\min}} \tag{6-20}$$

式中：$\sigma_{F\lim}$——试验齿轮在单向长期持续的交变载荷作用下，齿根部发生弯曲疲劳破坏的极限应力，其值按图 6－28 查取。如齿轮双向长期工作(经常做正、反转的齿轮)，应按图中数值乘以 0.7。

$S_{F\min}$——齿根弯曲疲劳强度的最小安全系数，其值查表 6－10。

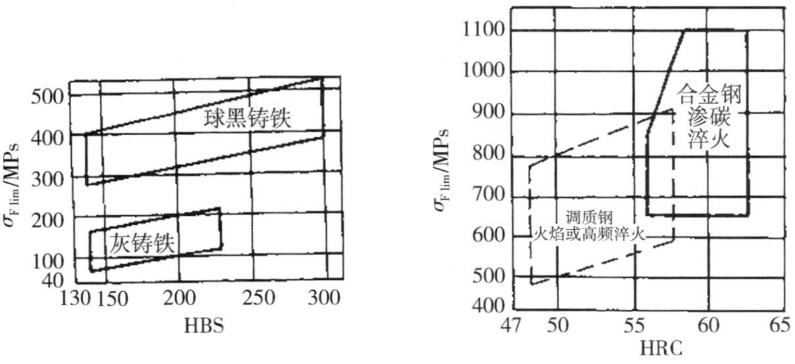

(a)　　　　(b)

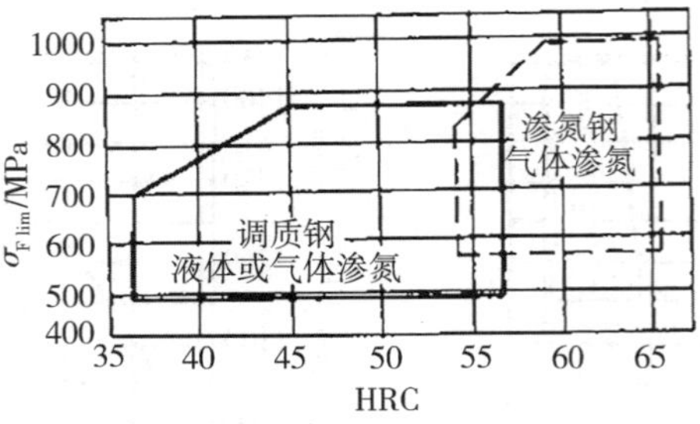

(c)

图 6-28 齿轮的弯曲疲劳极限 $\sigma_{F\lim}$

6.10.3 圆柱齿轮的结构

齿轮的结构设计一般在主要参数和几何尺寸确定后进行，其结构形式与直径大小、材料、加工方法等因素有关，设计时常按齿轮的直径大小选择合适的结构形式，再根据经验公式完成结构设计。

1. 齿轮轴

对于直径较小或齿根圆到键槽顶部距离 $y<2.5$ m 的钢制齿轮，如图 6-29 所示，应将齿轮与轴制成一体，为齿轮轴，如图 6-30 所示。

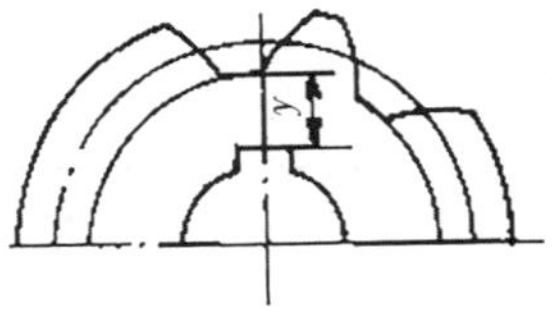

图 6-29 齿根圆至键槽的距离

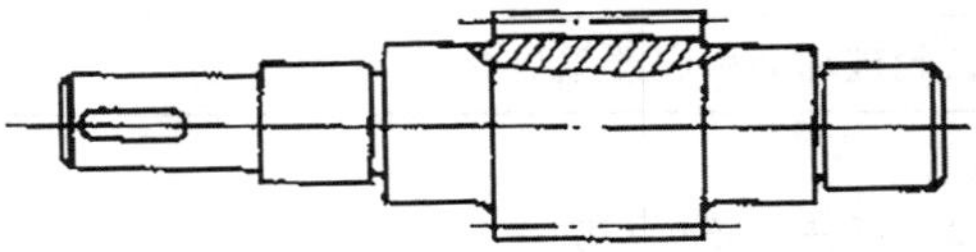

图 6-30 齿轮轴

2. 实心式齿轮

齿顶圆直径 $d_a\leqslant200$ mm 的钢制齿轮，一般采用锻造毛坯的实心式结构，如图 6-31 所示。

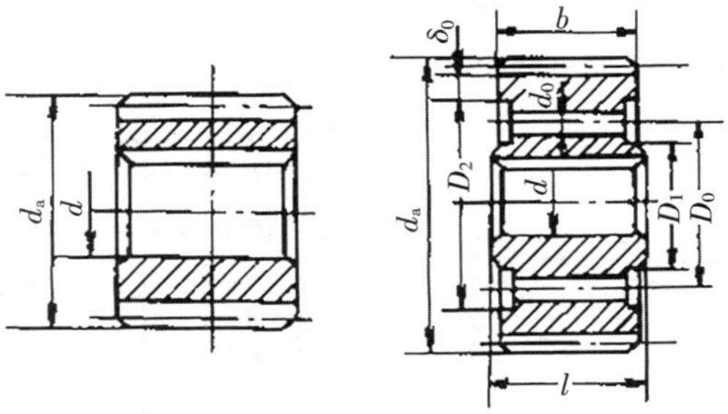

图 6-31 实心式齿轮

$D_1=1.6d$；$l=(1.2\sim1.5)d$，但 $1\geqslant b$；

$\delta_0=2.5$ mm，但不得小于 8～10 mm；$D_0=0.5(D_1+D_2)$

$d_0=10\sim20$ mm，当 d_0 较小时，可不钻孔，即 $d_0=0$

3. 腹板式齿轮

当齿顶圆直径 $d_a \leqslant 500$ mm 时，为减轻重量和节约材料，常制成腹板式结构。腹板式齿轮一般采用锻造毛坯，其结构尺寸如图 6 - 32 所示。

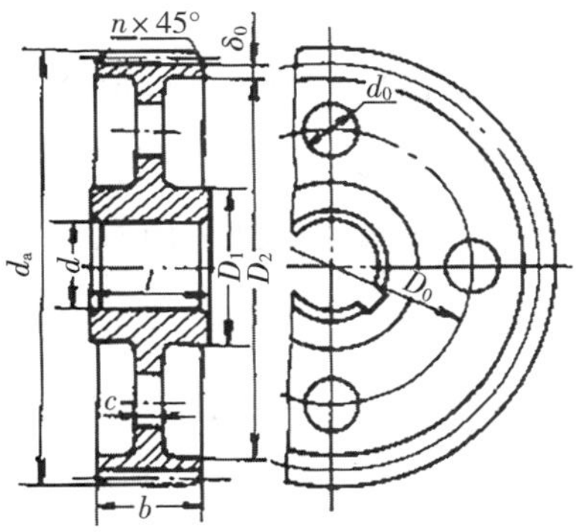

图 6 - 32 腹板式齿轮

$D_1=1.6d$；$\delta_0=(2.5\sim4)m$，但不小于 8～10 mm；

$D_0=0.5(D_1+D_2)$，$d_0=0.25(D_2-D_1)$；

$c=(0.2\sim0.3)b$，不小于 10 mm；

$l=(1.2\sim1.5)d$，$l\geqslant b$

4. 轮辐式齿轮

当齿顶圆直径 $d_a=400\sim1000$ mm 时，因受锻造设备的限制，往往采用铸造的轮辐式结构，如图 6 - 33 所示。

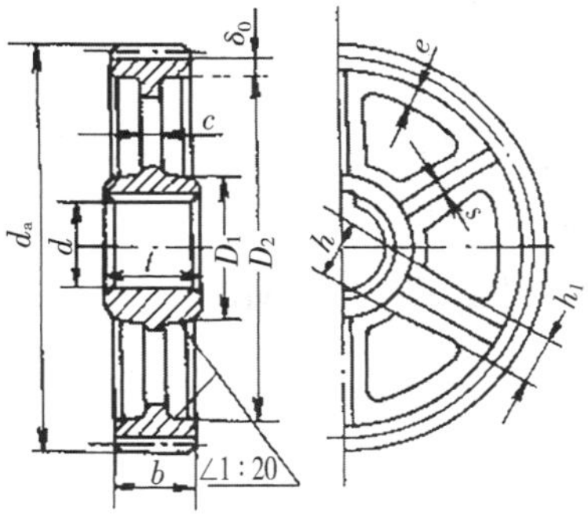

图 6 - 33 轮辐式齿轮

$b\leqslant200$ mm；$D_1=1.6d$(铸钢)；$D_1=1.8d$(铸铁)；

$h=0.8d$，$h_1=0.8h$，$c=\dfrac{h}{5}$；$s=\dfrac{h}{6}$，但不能小于 10 mm；

$\delta_0=(2.5\sim4)m$，但不小于 8～10 mm；

$e=0.8\delta_0$，$l=(1.2\sim1.5)d$，$l>b$

任务小结

解 一般用途的减速器，常采用软齿面钢制齿轮。

1. 选择齿轮材料并确定许用应力

根据表 6 - 9，小齿轮采用 45 钢调质，齿面硬度取 240 HBW，大齿轮采用 45 钢正火，硬度取 190 HBW；由图 6 - 27 查得 $\sigma_{H\lim 1}=580$ MPa，$\sigma_{H\lim 2}=540$ MPa；由图 6 - 28 查得 $\sigma_{F\lim 1}=230$ MPa，$\sigma_{F\lim 2}=220$ MPa；由表 6 - 10 取 $S_{H\min}=1$，$S_{F\min}=1$，则由式(6 - 19)(6 - 20)得

$$[\sigma_{H1}]=\frac{\sigma_{H\lim 1}}{S_{H\min 1}}=\frac{580}{1}\text{ MPa}=580\text{ MPa}$$

$$[\sigma_{H2}]=\frac{\sigma_{H\lim 2}}{S_{H\min 2}}=\frac{540}{1}\text{ MPa}=540\text{ MPa}$$

$$[\sigma_{F1}]=\frac{\sigma_{F\lim 1}}{S_{F\min 1}}=\frac{230}{1}\text{ MPa}=230\text{ MPa}$$

$$[\sigma_{F2}]=\frac{\sigma_{F\lim 2}}{S_{F\min 2}}=\frac{220}{1}\text{ MPa}=220\text{ MPa}$$

2. 按齿面接触疲劳强度设计计算

由于是软齿面闭式齿轮传动，齿轮的主要参数应按齿面接触强度确定。

$$d_1\geqslant\sqrt[3]{\left(\frac{671}{[\sigma_H]}\right)^2\frac{KT_1(i+1)}{\varphi_d i}}$$

传递转矩 T_1：$T_1=9.55\times10^6\dfrac{P_1}{n_1}=\left(9.55\times10^6\times\dfrac{10}{970}\right)$ N·mm=98454 N·m。

载荷系数 K：因载荷平稳，齿轮相对于轴承对称布置，由表 6 - 6 取 $K=1.2$。

齿宽系数 φ_d：由表 6 - 7 取 $\varphi_d=1$。

许用接触应力$[\sigma_H]$：$[\sigma_{H1}]=[\sigma_{H2}]=540$ MPa。

传动比 i：$i=4.04$。

将以上参数代入式(6 - 16)

$$d_1\geqslant\sqrt[3]{\left(\frac{671}{[\sigma_H]}\right)^2\frac{KT_1(i+1)}{\varphi_d i}}=\sqrt[3]{\left(\frac{671}{540}\right)^2\frac{1.2\times98454\times(4.04+1)}{1\times4.04}}\text{ mm}=61.05\text{ mm。}$$

3. 确定齿轮参数及主要尺寸

(1)齿数

取 $z_1=29$，则 $z_2=iz_1=4.04\times29=117.16$，取 $z_2=117$。

(2)模数

$m=\dfrac{d_1}{z_1}=\dfrac{61.05}{29}$ mm=2.1 mm，取标准值 $m=2.5$ mm。

(3)中心矩

标准中心矩 $a=\frac{m}{2}(z_1+z_2)=\left[\frac{2.5}{2}\times(29+117)\right]\text{ mm}=182.5\text{ mm}$。

(4)其他主要尺寸

分度圆直径：

$$d_1=mz_1=(2.5\times29)\text{mm}=72.5\text{ mm}$$

$$d_2=mz_2=(2.5\times117)\text{mm}=292.5\text{ mm}$$

齿顶圆直径：

$$d_{a1}=d_1+2m=(72.5+2\times2.5)\text{mm}=77.5\text{ mm}$$

$$d_{a2}=d_2+2m=(292.5+2\times2.5)\text{mm}=297.5\text{ mm}$$

齿宽：$b=\varphi_d d_1=(1\times72.5)\text{mm}=72.5\text{ mm}$，取 $b_2=72\text{ mm}$，$b_1=b_2+(5\sim10)=77\sim82\text{ mm}$，取 $b_1=80\text{ mm}$。

4. 验算齿根弯曲疲劳强度

$$\sigma_F=\frac{2KT_1Y_{FS}}{d_1bm}\leqslant[\sigma_F]$$

复合齿形系数 Y_{FS}：由 $x=0$(标准齿轮)及 z_1、z_2，查图 6 - 26 得 $Y_{FS1}=4.12$，$Y_{FS2}=3.96$，则

$$\sigma_{F1}=\frac{2KT_1Y_{FS}}{d_1bm}=\left(\frac{2\times1.2\times98454\times4.12}{72.5\times72.5\times2.5}\right)\text{ MPa}=74.08\text{ MPa}<[\sigma_{F1}]$$

$$\sigma_{F2}=\sigma_{F1}\frac{Y_{FS2}}{Y_{FS1}}=\left(74.08\times\frac{3.96}{4.12}\right)\text{ MPa}=71.20\text{ MPa}<[\sigma_{FS2}]$$

弯曲强度足够。

5. 确定齿轮传动精度

齿轮圆周速度

$$v=\frac{\pi d_1n_1}{60\times1000}=\left(\frac{3.14\times72.5\times970}{60\times1000}\right)\text{ m/s}=3.68\text{ m/s}$$

查表 6 - 4、表 6 - 5，确定为 9 级。

6. 齿轮结构设计

小齿轮 $d_{a1}=77.5\text{ mm}$，尺寸较小，采用齿轮轴。

大齿轮 $d_{a2}=297.5\text{ mm}$，采用腹板式齿轮。

工作图略。

任务十一　斜齿轮圆柱传动

任务描述

设计螺旋输送机传动装置中单级减速器的一对标准斜齿圆柱齿轮传动。已知传递功率 $P_1=7$ kW，主动轮转速 $n_1=550$ r/min，$i=4$，电动机驱动，载荷有轻微冲击。

任务分析

斜齿轮不完全是螺旋齿轮，应该说，螺旋齿轮是两个斜齿轮的啮合方式，由它们在空间传递力的方向不同来区分。普通的直齿轮沿齿宽同时进入啮合，因而产生冲击、振动、噪声，传动不平稳。斜齿圆柱齿轮传动则优于直齿，且可凑紧中心距用于高速重载。斜齿轮减速机是新颖减速传动装置。采用最优化，模块组合体系先进的设计理念，具有体积小、重量轻、传递转矩大、起动平稳、传动比分级精细等优点，可根据用户要求进行任意连接和多种安装位置的选择。

1. 螺旋角

它指的是斜齿轮的轮齿与轴线之间的夹角。螺旋角是斜齿轮的特征，在正齿轮即直齿齿轮中不存在。一般来说，我们平时所说的斜齿轮的螺旋角，指的是分度圆柱面上的螺旋角。螺旋角越大，则重合度越大，越有利于运动平稳和降低噪声，任何事物都是两面的，增大螺旋角虽然带来了诸多优点，但工作时产生的轴向力也增大了，所以螺旋角的大小应该取决于工作的质量要求和加工精度，如若对噪声有特殊要求时，可根据情况取较大值。

螺旋线旋向判别：首先我们将齿轮轴线垂直，若螺旋线右边高为右旋；反之，螺旋线左边高为左旋。

2. 端面和法面参数

端面：垂直于齿轮轴线的平面，端面上的参数一般加下标 t；

法面：与螺旋线垂直的平面，法面上的参数一般加下标 n。

(1)齿距与模数：$m=\dfrac{d}{z}=\dfrac{p}{\pi}$。

(2)压力角：一般规定法面内的参数为标准参数。

①正确啮合条件：螺旋角必须大小相等，方向相反。法面模数 m 与法面压力角要求分别相等。

②几何尺寸计算：在计算时可将直齿轮的计算公式直接用于斜齿轮的端面，这是由于一对斜齿轮传动在端平面上相当于一对直齿轮传动。

知识准备

6.11.1 斜齿轮圆柱齿轮齿廓的形成及其啮合特点

1. 齿廓曲面的形成

直齿圆柱齿轮的齿廓形成过程应如图 6-34(a)所示，是发生线绕基圆做纯滚动时，其上任一点 K 所形成的渐开线。而这仅是就齿轮的端面来研究的，实际上，齿轮是具有一定的宽度的。基圆应是基圆柱，发生线应是发生面。因此，直齿圆柱齿轮的齿面是发生面绕基圆柱做纯滚动时，发生面与基圆柱轴线 NN 平行的任一直线 KK 的轨迹，即渐开线面。

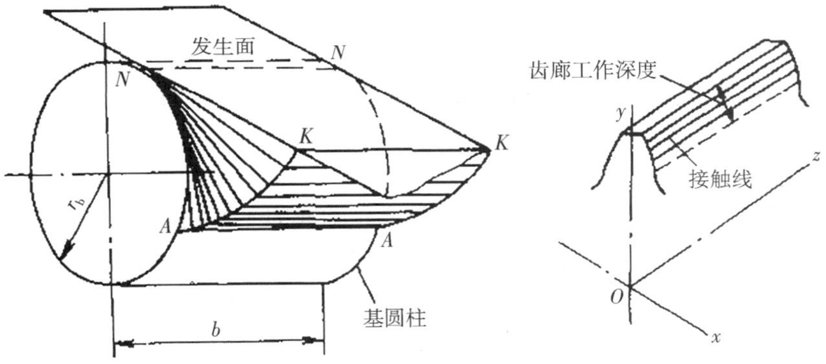

(a)齿廓曲面的形成　　(b)接触线

图 6-34　直齿圆柱齿轮

斜齿圆柱齿轮(简称为斜齿轮)齿廓的形成原理与直齿圆柱齿轮相同，如图 6-35 所示。只是发生面上的直线 KK 不再与基圆柱的轴线平行，而是与其轴线 NN 成一夹角 β_b。当发生面沿基圆柱做纯滚动时，直线 KK 上各点展成的渐开线集合形成了斜齿轮的渐开线螺旋形齿廓曲面。夹角 β_b 为基圆柱上的螺旋角。β_b 越大，齿轮越偏斜；当 $\beta_b=0$ 时，即直齿轮。

2. 啮合特点

由齿廓曲面的形成原理可知，直齿圆柱齿轮啮合时，齿面的接触线平行于轴线，如图 6-34(b)所示。所以在传动过程中，轮齿是沿整个齿宽同时进入啮合、同时脱离啮合的，因而载荷沿齿宽也是突然加上或卸下，从而使轮齿的受力具有突加性，使得直齿圆柱齿轮的传动平稳性差，易产生冲击和噪声，不适合用于高速和重载的传动。

斜齿圆柱齿轮在啮合时，其齿廓是逐渐进入啮合、逐渐脱离啮合的。其瞬时接触线是直线，但长度有变化。如图 6 - 35(b)所示，从啮合开始，接触线的长度由零逐渐增加到最大，然后又由最大逐渐减小到零。因此，轮齿上的载荷也是逐渐由小到大，再由大到小，不具有突加性，所以传动平稳，冲击和噪声较小。由于斜齿轮在传动过程中，轮齿的啮合过程较长，重合度大，同时参与啮合的轮齿对多，故承载能力较强。

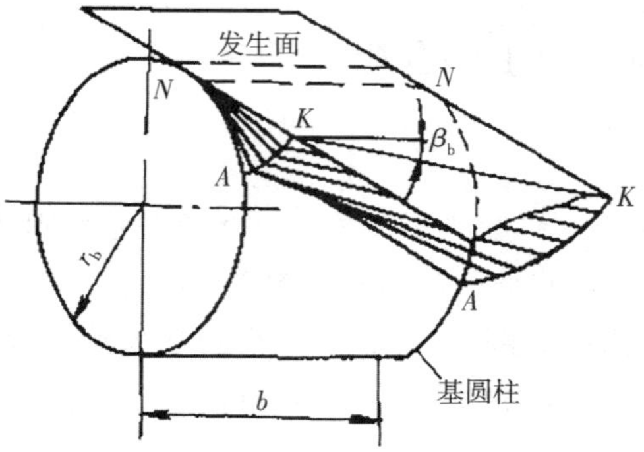

(a)齿廓曲面的形成

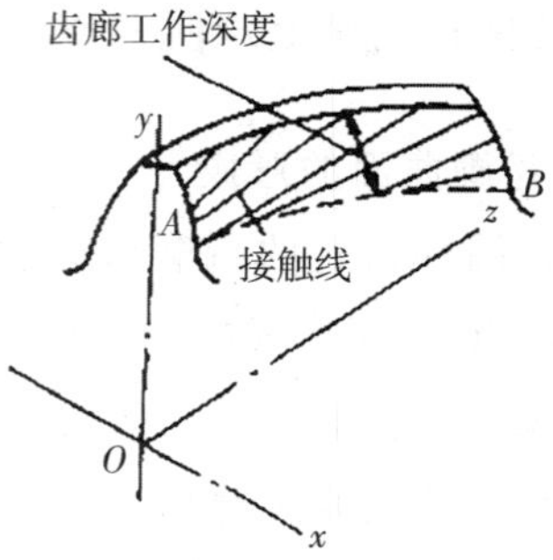

(b)接触线

图 6 - 35　斜齿圆柱齿轮

6.11.2　斜齿轮圆柱传动的主要参数和几何尺寸计算

1. 主要参数

由于斜齿轮齿向的倾斜，其端面(垂直与齿轮轴线的平面)和法面(垂直于轮齿方向的平面)的齿形不同，因此斜齿轮有法面参数和端面参数，分别用脚标 n、t 表示。由于切制斜齿轮时，刀具是沿着螺旋方向进刀的，因此以斜齿轮的法向参数为标准值。

(1)螺旋角 β

螺旋线的切线与平行于轴线的母线所夹的锐角为螺旋角，用 β 表示。β 是反映斜齿轮特征的一个重要参数，通常所说的斜齿轮的螺旋角，指的是其分度圆柱面上的螺旋角。β 越大，则重合度 ε 增大，传动越平稳，一般取 $\beta=8°\sim25°$。

斜齿轮按其轮齿的旋向分为左旋和右旋两种，如图 6 - 36 所示。

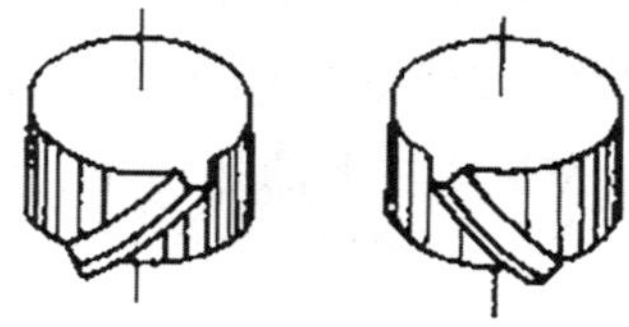

(a) 左旋　　(b) 右旋

图 6 - 36　斜齿轮的旋向

(2)齿距与模数

如图 6 - 37 所示为斜齿圆柱齿轮分度圆柱面的展开图。设 p_n、p_t分别为法向齿距和端面齿距，m_n、m_t分别为发向模数和端面模数，由图 6 - 39 可得，

$$p_n=p_t\cos\beta \tag{6-21}$$

$$m_n = m_t \cos \beta \qquad (6-22)$$

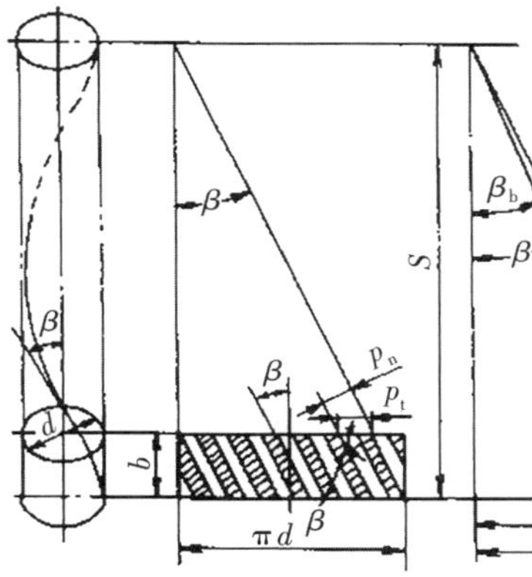

图 6-37　斜齿轮分度圆柱展开图

(3)压力角

如图 6-38 所示，斜齿圆柱齿轮的法向压力角 α_n 和端面压力角 α_t 的关系为：

$$\tan \alpha_n = \tan \alpha_t \cos \beta \qquad (6-23)$$

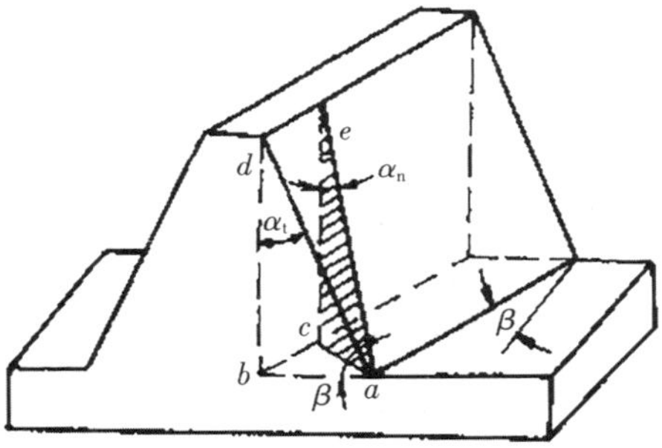

图 6-38　斜齿轮的压力角

(4)齿顶高系数和顶隙系数

斜齿轮的齿顶高和齿根高，不论从法面还是从端面上度量都是相同的，通常用法面参数来计算。

$$h_a = h_{an}^* m_n \qquad (6-24)$$

$$h_f = (h_{an}^* + c_n^*) m_n \qquad (6-25)$$

式中，h_{an}^*、c_n^* 分别为法向齿顶高系数和法向顶隙系数。

由于加工斜齿轮时，刀具是沿着螺旋线方向进刀的。因此，斜齿轮轮齿的法向齿形与刀具齿形相同，即斜齿轮的法向模数 m_n、法向压力角 α_n、法向齿顶高系数 h_{an}^* 与法向顶隙系数 c_n^* 均为标准值，其值分别与直齿圆柱齿轮的 m、α、h_a^*、c^* 相同。

2. 几何尺寸计算

因为一对斜齿圆柱齿轮传动在端平面上相当于一对直齿圆柱齿轮传动，所以可将直齿圆柱齿轮的几何尺寸计算公式用于斜齿轮的端面，其计算公式列于表 6-11。

表 6 - 11　标准斜齿圆柱齿轮的几何尺寸计算公式

名称	代号	计算公式
端面模数	m_t	$m_t=\dfrac{m_n}{\cos\beta}$
法向压力角	α_n	$\alpha_n=20°$
端面压力角	α_t	$\tan\alpha_t=\dfrac{\tan\alpha_n}{\cos\beta}$
分度圆直径	d	$d=\dfrac{zm_n}{\cos\beta}$
齿顶高	h_a	$h_a=h_{an}^*m_n$
齿根高	h_f	$h_f=(h_{an}^*+c_n^*)m_n$
全齿高	h	$h=h_a+h_f$
齿顶圆直径	d_a	$d_a=d+2h_a$
齿根圆直径	d_f	$h_f=d-2h_f$
基圆直径	d_b	$d_b=d\cos\alpha_t$
法向齿距	p_{nt}	$p_n=\pi m_n$
端面齿距	p_t	$p_t=\pi m_t=\dfrac{\pi m_n}{\cos\beta}$
标准中心矩	a	$a=\dfrac{(d_1+d_2)}{2}=\dfrac{m_n}{2\cos\beta}(z_1+z_2)$

6.11.3　正确啮合条件与重合度

1. 正确啮合条件

一对外啮合斜齿圆柱齿轮要正确啮合，必须满足：两齿轮的模数和压力角分别相等，螺旋角大小相等，旋向相反。即

$$
\begin{aligned}
&m_{n1}=m_{n2}=m_n\\
&\alpha_{n1}=\alpha_{n2}=\alpha_n\\
&\beta_1=-\beta_2
\end{aligned}
\tag{6 - 26}
$$

2. 重合度

如图 6 - 39 所示，为斜齿轮与斜齿条在前端面的啮合情况。齿廓在 A 点开始进入啮合，在 A'点终止啮合，AA'为啮合弧。显然，齿条前端面的工作齿廓只在 AA'区间处于啮合状态。

从图 6 - 39 中可以看出，当轮齿到达虚线所示位置时，前端面虽已开始脱离啮合区，但轮齿的后端面仍处于啮合区内，整个轮齿尚未终止啮合。只有当轮齿后端面也走出啮合区，该齿才终止啮合，即斜齿轮传动的啮合弧比端面齿廓完全相同的直齿轮传动啮合弧长出 f，斜齿轮传动的重合度为

$$\varepsilon_{\mathrm{r}}=\frac{\text{啮合弧}}{\text{端面齿距}}=\frac{\overline{AA'}}{p_{\mathrm{t}}}=\frac{\overline{BB'}+f}{p_{\mathrm{t}}}=\varepsilon_{\alpha}+\frac{b\tan\beta}{p_{\mathrm{t}}}=\varepsilon_{\alpha}+\varepsilon_{\beta} \tag{6-27}$$

式中：ε_{α}——端面重合度，大小与直齿圆柱齿轮传动相同；

ε_{β}——纵向重合度，$\varepsilon_{\beta}=\dfrac{b\tan\beta}{p_{\mathrm{t}}}=\dfrac{b\tan\beta}{\pi m_{\mathrm{t}}}=\dfrac{\varphi_{\mathrm{d}}z_1}{\pi}\tan\beta$

由此可见，斜齿轮传动的重合度随齿宽 b 和螺旋角 β 的增大而增大，这是斜齿轮传动运转平稳、承载能力较高的原因之一。

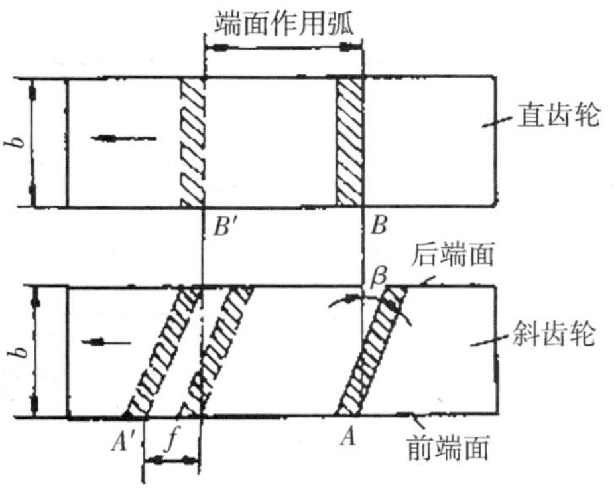

图 6 - 39 斜齿轮传动的重合度

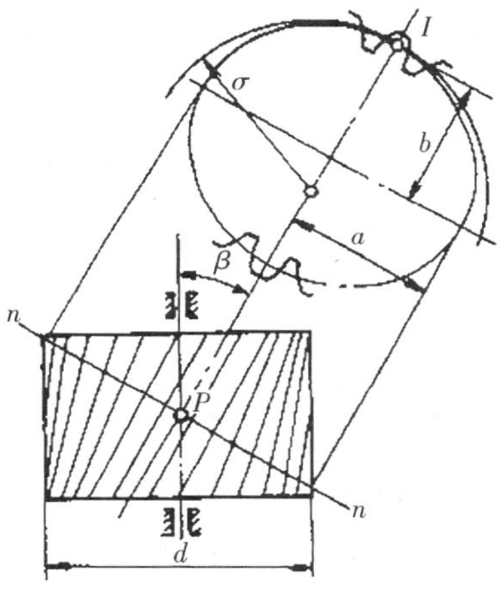

图 6 - 40 斜齿轮的当量齿数

6.11.4 斜齿圆柱齿轮的当量齿数

如图 6 - 40 所示，过斜齿轮分度圆柱上一点 P 作法平面，此截面与分度圆柱面的交线为椭圆。法向标准齿形位于椭圆短半轴 P 点附近。以椭圆 P 点的曲率半径为分度圆直径，以 m_{n}为模数，取标准压力角 α_{n}，做一直齿圆柱齿轮，其齿形近似于此斜齿轮的法面齿形。则此直齿圆柱齿轮为该斜齿圆柱齿轮的当量齿轮，其齿数为当量齿数，以 z_{v}表示。经推导得

$$z_{\mathrm{v}}=\frac{z}{\cos^3\beta} \tag{6-28}$$

式中：z——斜齿轮的实际齿数。

由上式可知，当量齿数不一定为整数，因 $\cos^3\beta<1$，所以 $z_{\mathrm{v}}>z$。当量齿数可以用来选择铣刀号码或进行强度计算。在斜齿轮的强度计算中也用到当量齿数。利用式(6 -

28)还可求出标准斜齿轮不发生根切的最少齿数 $z_{\min}$。

$$z_{\min}=z_{v\min}\cos^3\beta=17\cos^3\beta \tag{6-29}$$

由上式可知，斜齿轮不产生切齿干涉的最少齿数比直齿轮少，故结构紧凑。

6.11.5 公法线长度与分度圆弦齿厚

1. 公法线长度

由于斜齿轮的轮齿呈螺旋形，因此公法线长度只能在法面内测量。对于标准斜齿轮，其公法线长度和跨齿数 k 的计算公式分别为

$$\begin{aligned} W_n&=m_n[2.9521(k-0.5)+0.014z'] \\ k&=\frac{z'}{9}+0.5\approx0.111z'+0.5 \end{aligned} \tag{6-30}$$

式中：z'——假想齿数，是将不能测量但能计算的端面公法线长度 W_t 转换为能测量的 W_n 的过程中引入的，$z'=k'z$。系数 k' 根据螺旋角 β，由表 6-12 查得。

表 6-12　系数 k'

$\beta/(°)$	7	8	9	10	11	12	13	14	15	16
k'	1.022	1.028	1.036	1.045	1.054	1.065	1.077	1.090	1.114	1.119
$\beta/(°)$	17	18	19	20	21	22	23	24	25	
k'	1.136	1.154	1.173	1.194	1.216	1.240	1.266	1.293	1.323	

在测量斜齿轮公法线长度时，若齿宽 $b<W_n\sin\beta_b\approx W_n\sin\beta$，则卡尺的一个卡脚就会跨出轮缘而无法测量，如图 6-41 所示，这时可改测分度圆弦齿厚。

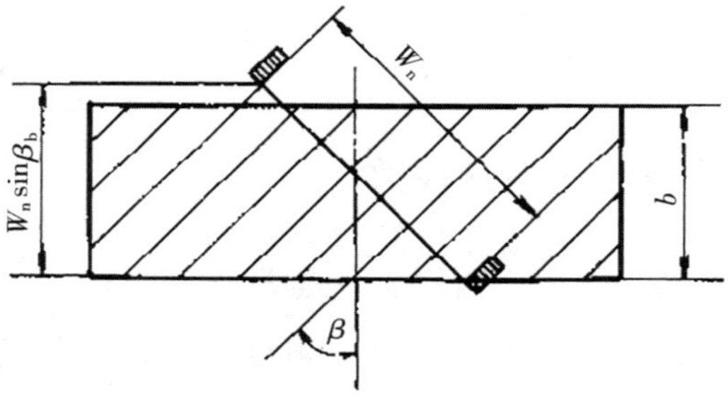

图 6-41　不能测量公法线长度

2. 分度圆弦齿厚

斜齿轮的分度圆弦齿厚只能在法面上测量。标准斜齿圆柱齿轮分度圆弦齿厚和弦齿高的计算公式：

$$\begin{aligned} \bar{s}_n&=m_nz_v\sin\frac{90°}{z_v} \\ h_{\bar{n}}&=m_n\left[h_{an}^*+\frac{z_v}{2}\left(1-\cos\frac{90°}{z_v}\right)\right] \end{aligned} \tag{6-31}$$

6.11.6　斜齿圆柱齿轮传动的设计计算

1. 受力分析

如图 6 - 42 所示，为一斜齿圆柱齿轮传动中主动齿轮的受力情况。若不计齿面摩擦力，则作用在轮齿法面内的法向力 F_n可分解为径向力 F_r和切向力 F_t和轴向力 F_a。

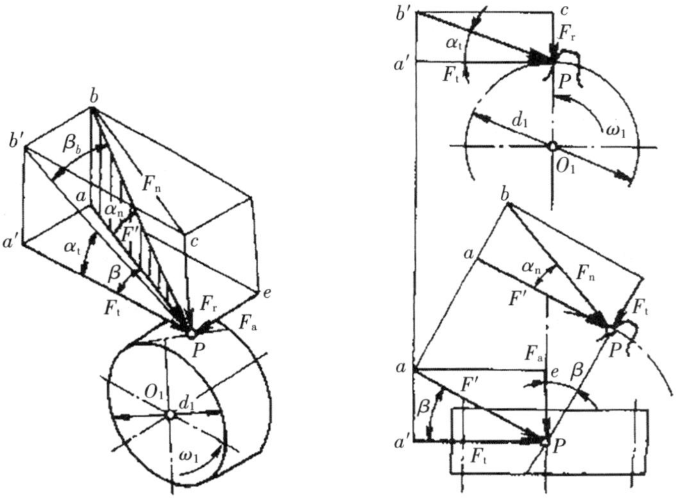

图 6 - 42　斜齿轮的受力分析

各力的大小为

切向力
$$F_t=\frac{2T_1}{d_1} \tag{6-32}$$

径向力
$$F_r=F'\tan\alpha_n=F_t\frac{\tan\alpha_n}{\cos\beta} \tag{6-33}$$

轴向力
$$F_a=F_t\tan\beta \tag{6-34}$$

法向力
$$F_n=\frac{F'}{\cos\alpha_n}=\frac{F_t}{\cos\alpha_n\cos\beta} \tag{6-35}$$

主、从动齿轮的受力关系如图 6 - 43 所示，切向力和径向力的方向判别与直齿圆柱齿轮相同，轴向力的方向取决于齿轮回转方向和轮齿的螺旋线方向，可用“主动轮左右手定则”来判断：主动轮左旋用左手，右旋用右手，即握住主动轮轴线，四指弯曲的方向表示主动轮的转向，大拇指的指向代表轴向力的方向。从动轮的轴向力与其大小相等，方向相反，如图 6 - 44 所示。

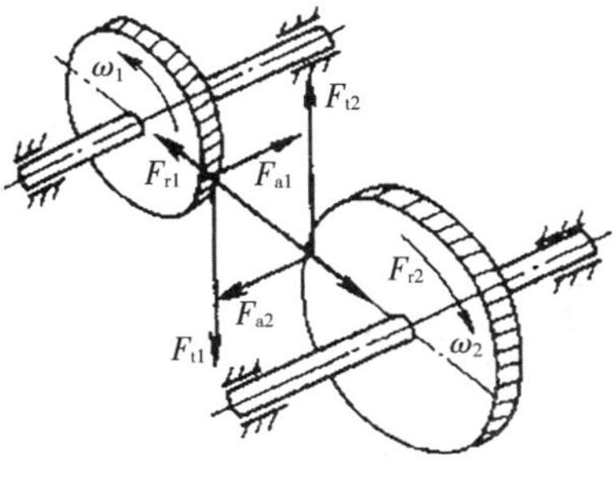

图 6 - 43　斜齿轮主、从动轮受力关系

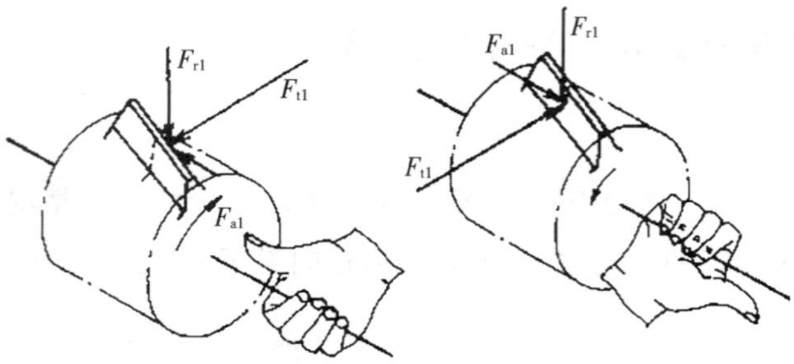

图 6 - 44　主动轮轴向力方向判别

2. 强度计算

斜齿轮的法向齿形与当量直齿圆柱齿轮的齿形相同，所以斜齿圆柱齿轮的失效形式、设计准则及强度计算与直齿圆柱齿轮相似。

(1)齿面接触疲劳强度计算

将当量齿轮的相关参数代入直齿轮的强度计算公式，整理得一对外啮合钢制标准斜齿轮传动：

校核公式

$$\sigma_H = 950\sqrt{\frac{KT_1}{bd_1^2}\frac{i+1}{i}} \leqslant [\sigma_H] \tag{6-36}$$

设计公式

$$d_1 \geqslant \sqrt[3]{\left(\frac{590}{[\sigma_H]}\right)^2 \frac{KT_1(i+1)}{\varphi_d i}} \tag{6-37}$$

若配对齿轮材料非钢，则 590 修正为 $590\times\frac{Z_E}{189.8}$，$Z_E$可查表 6 - 8。

(2)齿根弯曲疲劳强度校核公式

$$\sigma_F = \frac{1.6KT_1\cos\beta}{bm_n d_1}Y_{FS} \leqslant [\sigma_F] \tag{6-38}$$

设计公式

$$m_n \geqslant \sqrt[3]{\frac{1.6KT_1\cos^2\beta}{\varphi_d z_1^2}\frac{Y_{FS}}{[\sigma_{FS}]}} \tag{6-39}$$

式中：Y_{FS}——复合齿形系数，按当量齿数 z_v 查图 6 - 26。

其余各参数的含义、单位及许用应力计算方法与直齿轮相同。

任务小结

解　1. 选择齿轮材料并确定许用应力

根据表 6 - 9，大、小齿轮均采用 45 钢调质，齿面硬度分别为 240 HBW、200 HBW；由图 6 - 27、图 6 - 28 查得：$\sigma_{H\lim 1}=580$ MPa，$\sigma_{F\lim 1}=240$ MPa，$\sigma_{H\lim 2}=560$ MPa，

$\sigma_{F\lim 2}=220$ MPa；取 $S_{H\min}=1$，$S_{F\min}=1$。

则

$$[\sigma_{H1}]=\frac{\sigma_{H\lim 1}}{S_{H\min}}=\frac{580}{1}\text{ MPa}=580\text{ MPa}$$

$$[\sigma_{H2}]=\frac{\sigma_{H\lim 2}}{S_{H\min}}=\frac{560}{1}\text{ MPa}=560\text{ MPa}$$

$$[\sigma_{F1}]=\frac{\sigma_{F\lim 1}}{S_{H\min}}=\frac{240}{1}\text{ MPa}=240\text{ MPa}$$

$$[\sigma_{F1}]=\frac{\sigma_{F\lim 2}}{S_{H\min}}=\frac{220}{1}\text{ MPa}=220\text{ MPa}$$

2. 按齿面接触疲劳强度设计计算

$$d_1\geqslant\sqrt[3]{\left(\frac{590}{[\sigma_H]}\right)^2\frac{KT_1(i+1)}{\varphi_d i}}$$

传递转矩 T_1：$T_1=9.55\times10^6\dfrac{P_1}{n_1}=\left(9.55\times10^6\times\dfrac{7}{550}\right)$ N·mm=121545 N·mm。

载荷系数 K：因载荷有轻微冲击，齿轮相对于轴承对称布置，由表 6 - 6 取 $K=1.35$。

齿宽系数 φ_d：由表 6 - 7 取 $\varphi_d=1.2$。

许用接触应力$[\sigma_H]$：$[\sigma_H]=[\sigma_{H2}]=560$ MPa。

将以上参数代入式（6 - 37）

$$d_1\geqslant\sqrt[3]{\left(\frac{590}{[\sigma_H]}\right)^2\frac{KT_1(i+1)}{\varphi_d i}}=\sqrt[3]{\left(\frac{590}{560}\right)^2\frac{1.35\times121545\times(4+1)}{1.2\times4}}\text{ mm}=57.5\text{ mm}$$

3. 确定齿轮参数及主要尺寸

(1)齿数

取 $z_1=23$，$z_2=iz_1=4\times23=92$。

(2)模数

初选螺旋角 $\beta=15°$，则法向模数

$$m_n=\frac{d_1\cos\beta}{z_1}=\left(\frac{57.5\times\cos 15°}{23}\right)\text{mm}=2.41\text{ mm}$$

取标准值 $m_n=2.5$ mm。

(3)中心距

标准中心距 $a=\dfrac{m_n(z_1+z_2)}{2\cos\beta}=\left[\dfrac{2.5\times(23+92)}{2\times\cos 15°}\right]$ mm=148.82 mm

为了便于箱体的加工和测量，取 $a=150$ mm，则实际螺旋角

$$\beta=\arccos\frac{m_n(z_1+z_2)}{2a}=\arccos\frac{2.5\times(23+92)}{2\times150}=16.5978°$$

在 8°～25°范围内，合适。

(4)其他主要尺寸

分度圆直径：

$$d_1=\frac{m_n}{\cos\beta}z_1=\frac{2.5\times 23}{\cos 16.5978^\circ}\ \text{mm}=60.00\ \text{mm}$$

$$d_{21}=\frac{m_n}{\cos\beta}z_2=\frac{2.5\times 92}{\cos 16.5978^\circ}\text{mm}=240.00\ \text{mm}$$

齿顶圆直径：

$$d_{a1}=d_1+2m_n=(60+2\times 2.5)\text{mm}=65\ \text{mm}$$

$$d_{a2}=d_2+2m_n=(240+2\times 2.5)\text{mm}=245\ \text{mm}$$

齿宽：$b=\varphi_d d_1=(1.2\times 60)\text{mm}=72\ \text{mm}$，取 $b_2=72\ \text{mm}$，$b_1=b_2+(5\sim 10)=77\sim 82\ \text{mm}$，取 $b_1=80\ \text{mm}$。

4. 验算齿根弯曲疲劳强度

$$\sigma_F=\frac{1.6KT_1\cos\beta}{bm_n d_1}Y_{FS}\leqslant[\sigma_F]$$

当量齿数 z_v：

$$z_{v1}=\frac{z_1}{\cos^3\beta}=\frac{23}{\cos^3 16.5978^\circ}=26.13$$

$$z_{v2}=\frac{z_2}{\cos^3\beta}=\frac{92}{\cos^3 16.5978^\circ}=104.53$$

复合齿形系数 Y_{FS}：根据 z_{v1}、z_{v2} 查图 6 - 26 得 $Y_{FS1}=4.2$，$Y_{FS2}=3.95$。

$$\sigma_{F1}=\frac{1.6KT_1\cos\beta}{bm_n d_1}Y_{FS}=\left(\frac{1.6\times 1.35\times 121545\times\cos 16.5978^\circ}{72\times 2.5\times 60}\times 4.2\right)\text{MPa}$$

$$=97.84\ \text{MPa}<[\sigma_{F1}]$$

$$\sigma_{F2}=\sigma_{F1}\frac{Y_{FS2}}{Y_{FS1}}=\left(97.84\times\frac{3.95}{4.2}\right)\text{MPa}=92.02\ \text{MPa}<[\sigma_{F2}]$$

弯曲强度足够。

5. 确定齿轮传动精度

齿轮圆周速度

$$v=\frac{\pi d_1 n_1}{60\times 1000}=\frac{\pi\times 60\times 550}{60\times 1000}\ \text{m/s}=1.73\ \text{m/s}$$

由表 6 - 5 确定齿轮精度均为 9 级。

6. 齿轮结构设计

小齿轮 $d_{a1}=65\ \text{mm}$，尺寸较小，采用齿轮轴；大齿轮 $d_{a2}=245\ \text{mm}$，采用腹板式齿轮，其结构尺寸由经验公式确定，设计大齿轮配合处的轴径 $d=60\ \text{mm}$，则大齿轮的零件工作图如图 6 - 47 所示。

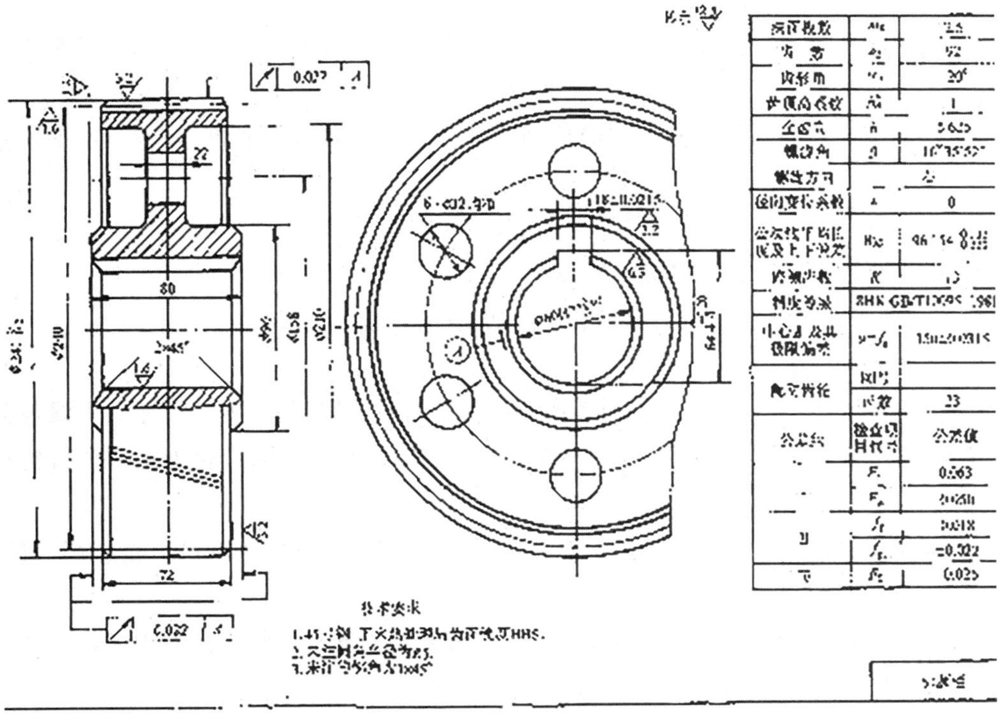

图 6－45　齿轮零件工作图

模块总结

1. 齿轮传动的特点

(1)主要优点：能实现任意位置的两轴传动，瞬时传动比恒定，工作可靠，寿命长，效率高，结构紧凑，速度和功率的适用范围广。

(2)主要缺点：制造和安装精度要求高。

2. 渐开线与渐开线齿廓

渐开线齿轮传动具有中心距可分性和传递压力方向不变性，能保证瞬时传动比恒定。

3. 直齿圆柱齿轮几何尺寸计算

(1)齿轮模数是决定轮齿大小的重要参数，模数越大，齿形越大。模数必须符合标准系列。

(2)具有标准模数和标准压力角的圆为分度圆，它是计算齿轮各部分尺寸的基准圆。重要公式有：$d=mz$，$d_b=d\cos\alpha$，$i_{12}=\dfrac{z_2}{z_1}$，$a=\dfrac{m^{(z_1+z_2)}}{2}$等。

(3)参数均为标准值且齿厚等于齿槽宽的齿轮为标准齿轮。

4. 齿轮的啮合传动

(1)一对渐开线直齿圆柱齿轮的正确啮合条件是：两轮的模数和压力角必须分别

相等。

(2)安装齿轮时，若两轮的分度圆相切(即分度圆与节圆重合)，此时的中心距称为标准中心距。

(3)一对渐开线直齿圆柱齿轮连续传动的条件是实际啮合线长度(B_1B_2)不小于基圆齿距 p_b，它们的比值称为重合度 ε$\left(\varepsilon=\frac{\overline{B_1B_2}}{p_b}\right)$。

5. 齿轮切削加工原理与根切现象

应了解仿形法和展成法切齿原理和不根切最少齿数。

6. 变位齿轮概述

(1)刀具中线不与被加工齿轮分度圆相切，加工出来的齿轮为变位齿轮。中线与分度圆相离为正变位，中线与分度圆相割为负变位，相应切制出来的齿轮为正变位齿轮和负变位齿轮。

(2)变位齿轮的主要参数 m，α，z，d，d_b 等未变，但它的齿顶高、齿根高、齿厚、齿槽宽等与标准齿轮相比均发生了变化。

(3)变位齿轮可凑配中心距，避免根切，能修复磨损的大齿轮，使大小齿轮的强度接近相等。但变位齿轮必须成对设计、使用。

7. 齿轮传动的精度

齿轮零件工作图上除标注几何尺寸外，还要标注齿轮的精度等级、加工检验项目和公差等。

8. 齿轮传动的计算准则

不同工作条件，齿轮将发生不同的实效形式。目前齿轮传动的设计准则有三条：软齿面闭式齿轮传动，先按齿面接触疲劳强度设计计算，再校核齿根弯曲疲劳强度；硬齿面闭式齿轮传动，先按齿根弯曲疲劳强度设计计算，再校核齿根接触疲劳强度；开式传动，仅按齿根弯曲疲劳强度设计计算。

9. 直齿圆柱齿轮传动的强度计算

(1)主动轮上切向力方向与主动轮转向相反，从动轮上切向力方向与从动轮转向相同；两轮径向力分别指向各自的齿轮中心。

(2)大、小两齿轮齿面接触应力相同，但接触许用应力一般不同，使用接触疲劳强度公式时，应按较小的许用接触应力代入。

模块七　蜗杆传动

任务一　蜗杆传动的类型与特点

任务描述

总结蜗杆传动的特点。

任务分析

蜗杆传动指的是以蜗杆为主动做减速传动，当反行程不自锁时，也可以蜗轮为主动做增速传动。传动功率一般应在 50 kW 以下(最大可达到 1000 kW 左右)，齿面间相对滑动速度应在 15 m/s 以下(最高可达 35 m/s)。

蜗杆传动由蜗杆和蜗轮组成，一般蜗杆为主动件。蜗杆和螺纹一样有右旋和左旋之分。蜗杆传动的左旋与右旋分别称为右旋蜗杆和左旋蜗杆 。

知识准备

7.1.1　蜗杆传动的组成

蜗杆传动主要由蜗杆和蜗轮组成(如图 7 - 1 所示)，用于传递空间两交错轴间的运动和动力。蜗杆类似于螺杆，蜗轮类似于一个具有凹形轮缘的斜齿轮。一般蜗杆为主动件，蜗轮为从动件。蜗杆传动广泛应用于各种机械设备和仪表中，通常用于减速传动、两轴交角为 90°的场合。

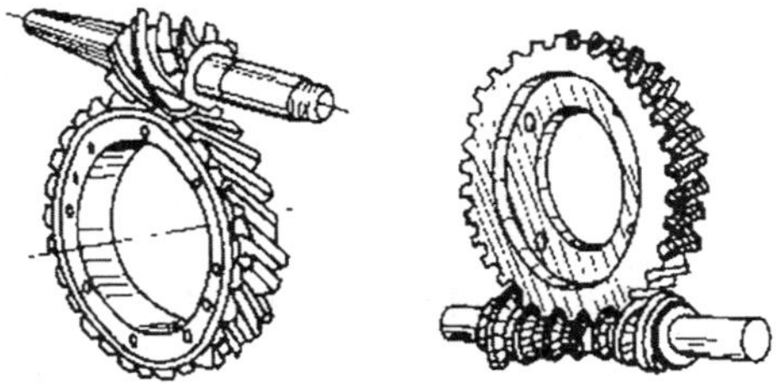

(a)　　(b)

图 7 - 1　两种蜗杆传动

7.1.2 蜗杆传动的类型

根据蜗杆形状的不同，蜗杆传动可分为圆柱蜗杆传动、环面蜗杆传动和锥面蜗杆传动，分别见图 7 - 2(a)(b)(c)。圆柱蜗杆加工简单，精度较高。环面蜗杆承载能力较强，效率高。锥面蜗杆传动平稳，承载能力较强。

按照加工方法的不同，圆柱蜗杆分为阿基米德蜗杆和渐开线蜗杆，由于阿基米德蜗杆加工方便，故应用较广泛。本节仅介绍阿基米德蜗杆传动。

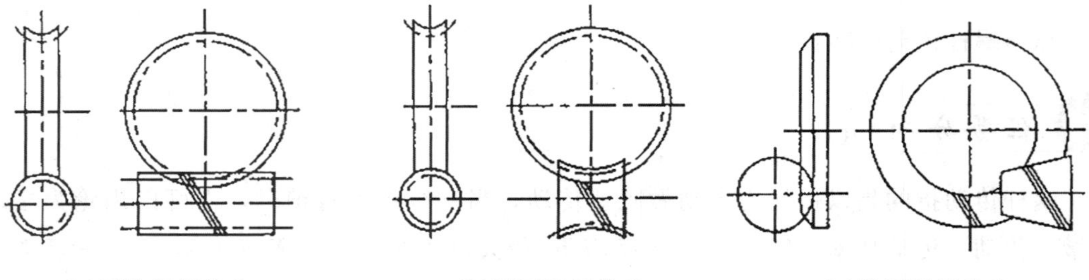

(a)圆柱蜗杆传动　(b)环面蜗杆传动　(c)锥面蜗杆传动

图 7 - 2　蜗杆传动的类型

蜗杆有单头、双头和多头之分，按螺旋方向不同，也有左旋、右旋之分，常用的是右旋蜗杆。

阿基米德蜗杆的加工方法与车螺纹方法相类似，车削阿基米德蜗杆时，车刀刀刃平面通过蜗杆轴线，蜗杆轴向齿廓呈边齿条形，两侧边交角 $2\alpha = 40°$，如图 7 - 3 所示，在垂直于蜗杆轴线的截面上，齿廓为阿基米德螺旋线，所以被称为阿基米德蜗杆。

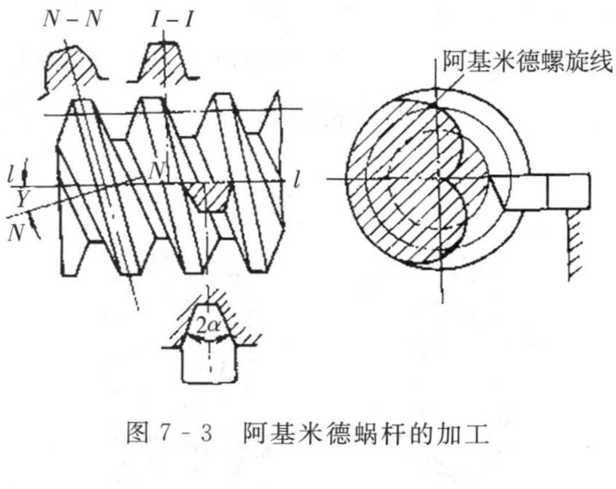

图 7 - 3　阿基米德蜗杆的加工

蜗轮是用蜗轮滚刀在滚齿机上按展成法原理切制而成的，滚刀的形状与相配的蜗杆基本相同。

7.1.3 蜗杆传动的特点

1. 传动比大，结构紧凑

一般动力传动中，$i=8\sim10$；在分度机构中，i 可达 1000 以上。

2. 传动平稳，噪声小

蜗杆齿是连续的螺旋齿，与蜗轮的啮合是连续的，故传动平稳，噪声小。

3. 可以实现自锁

在蜗杆传动中，当蜗杆的导程角小于轮齿间的当量摩擦角时，若蜗轮为主动件，机构将自锁。

4. 效率低，制造成本较高

由于蜗杆与蜗轮齿面间相对滑动速度较大，摩擦磨损严重，故蜗杆传动效率 $\eta=0.7\sim0.8$，自锁时，$\eta<0.5$。为此，在连续工作的闭式传动中，应具有良好的润滑和散热条件。

5. 蜗杆材料较贵

为了提高减摩性和耐磨性，蜗杆材料常选用青铜合金制造，成本较高。

任务小结

1. 传动比大，结构紧凑

蜗杆头数用 z_1 表示(一般 $z_1=1\sim4$)，蜗轮齿数用 z_2 表示。从传动比公式 $i=\frac{z_2}{z_1}$ 可以看出，当 $z_1=1$，即蜗杆为单头时，蜗杆须转 z_2 转，蜗轮才转一转，因而可得到很大传动比，一般在动力传动中，取传动比 $i=10\sim80$；在分度机构中，i 可达 1000。这样大的传动比如用齿轮传动，则需要采取多级传动才行，所以蜗杆传动结构紧凑，体积小，重量轻。

2. 传动平稳，无噪声

因为蜗杆齿是连续不间断的螺旋齿，它与蜗轮齿啮合时是连续不断的，蜗杆齿没有进入和退出啮合的过程，因此工作平稳，冲击、振动、噪声都比较小。

3. 具有自锁性

蜗杆的导程角很小时，蜗杆只能带动蜗轮传动，而蜗轮不能带动蜗杆转动。

4. 蜗杆传动效率低

一般认为蜗杆传动效率比齿轮传动低，尤其是具有自锁性的蜗杆传动，其效率在 0.5 以下，一般效率只有 $0.7\sim0.9$。

5. 发热量大，齿面容易磨损，成本高

任务二　蜗杆传动的正确啮合条件、基本参数与几何尺寸

任务描述

蜗杆传动的正确啮合条件是什么？

任务分析

一般蜗杆与轴制成一体，称为蜗杆轴。蜗轮的结构形式可分为4种。

(1)整体式：用于铸铁和直径很小的青铜蜗轮。

(2)齿圈压配式：轮毂为铸铁或铸钢，轮缘为青铜。

(3)螺栓连接式：轮缘和轮毂采用铰制孔，用螺栓连接，这种结构装拆方便。

(4)铸造式。

知识准备

7.2.1　蜗杆传动的正确啮合条件

如图7-4所示为阿基米德蜗杆传动的啮合图，通过蜗杆轴线并垂直于蜗轮轴线的平面为中间平面。由于蜗轮是用与蜗杆形状和参数相同的滚刀按展成原理加工的，在中间平面内，蜗轮与蜗杆的啮合相当于齿轮与齿条的啮合。因此，蜗杆传动规定以中间平面上的参数和几何关系为基准，并沿用齿轮传动的计算关系。

正确啮合条件是：蜗杆的轴面模数 m_{x1} 和轴面压力角 α_{x1} 与蜗轮的端面模数 m_{t2} 和端面压力角 α_{t2} 分别相等，且两者旋向相同。即

$$m_{x1}=m_{t2}=m$$

$$\alpha_{x1}=\alpha_{x2}=\alpha$$

$$\gamma=\beta$$

式中，m、α 为标准值。因蜗杆蜗轮机构两轴的交错角 $\sum=\beta_1+\beta_2=90°$，所以还需满足 $\gamma_1=\beta_2$。

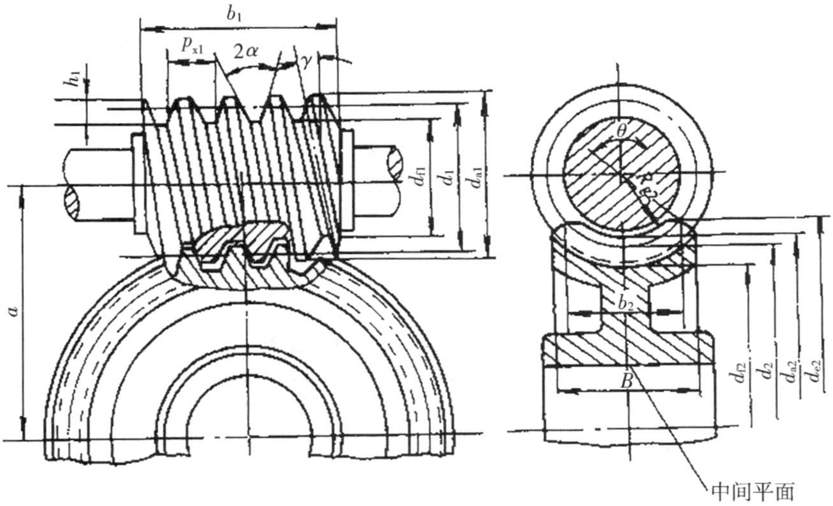

图 7-4　阿基米德蜗杆传动

7.2.2　蜗杆传动的基本参数

1. 模数 m 和压力角 α

与齿轮传动一样，蜗杆传动也应以模数和压力角为主要计算参数，规定蜗杆、蜗轮在中间平面内的模数和压力角为标准值。

2. 蜗杆头数 z_1、蜗轮齿数 z_2 及传动比 i

蜗杆头数 z_1 可根据传动比的大小和效率来确定，通常取 1、2、4 和 6，具体可查表 7-1。单头蜗杆在传动比较大时选用，但效率较低。若要提高效率，应增加蜗杆头数，但头数过多，又给加工带来困难。

当蜗杆回转一周时，蜗轮被蜗杆推动转过 z_1 个齿(或$\frac{z_1}{z_2}$圈)，因此，其传动比为

$$i=\frac{n_1}{n_2}=\frac{z_2}{z_1} \tag{7-1}$$

表 7-1　蜗杆头数 z_1 与蜗轮齿数 z_2 的推荐值

i	5～6	7～8	9～13	14～24	25～27	28～40	>40
z_1	6	4	3～4	2～3	2～3	1～2	1
z_2	29～36	28～32	27～52	28～72	50～81	28～80	>40

蜗轮齿数 $z_2=iz_1$，为使蜗轮不发生根切及影响刚度，通常取 $z_2=28\sim80$。

3. 蜗杆分度圆直径 d_1 和蜗杆导程角 γ

设蜗杆头数为 z_1，轴向齿距为 p_{x1}，如图 7 - 5 是蜗杆分度圆柱展开图，由图可得出

$$S=z_1 p_{x1}$$

$$\tan\gamma=\frac{S}{\pi d_1}=\frac{z_1 p_{x1}}{\pi d_1}=\frac{z_1 m}{d_1} \tag{7-2}$$

$$d_1=\frac{z_1 m}{\tan\gamma}$$

表 7 - 2　m、z_1、d_1 的配置表

模数 m mm	分度圆直径 d_1 mm	蜗杆头数 z_1	直径系数 q	$m^2 d_1$ mm^3	模数 m mm	分度圆直径 d_1 mm	蜗杆头数 z_1	直径系数 q	$m^2 d_1$ mm^3
1	**18**	1	18.000	18	6.3	(80)	1,2,4	12.698	3175
1.25	20	1	16.000	31		**112**	1	17.798	4445
	22.4	1	17.920	35	8	(63)	1,2,4	7.875	4032
1.6	20	1,2,4	12.500	51		80	1,2,4,6	10.000	5376
	28	1	17.500	72		(100)	1,2,4	12.500	6400
2	(18)	1,2,4	9.000	72		**140**	1	17.500	8960
	22.4	1,2,4,6	11.200	90	10	71	1,2,4	7.100	7100
	(28)	1,2,4	14.000	112		90	1,2,4,6	9.000	9000
	35.5	1	17.750	142		(112)	1	11.200	11200
2.5	(22.4)	1,2,4	8.960	140		160	1	16.000	16000
	28	1,2,4,6	11.200	175	12.5	(90)	1,2,4	7.200	14062
	(3.5,5)	1,2,4	14.200	222		112	1,2,4	8.960	17500
	45	1	18.000	281		(140)	1,2,4	11.200	21875
3.15	(28)	1,2,4	8.889	278		200	1	16.000	31250
	35.5	1,2,4,6	11.270	352	16	(112)	1,2,4	7.000	28672
	45	1,2,4	14.286	447		140	1,2,4	8.750	35840
	56	1	17.778	556		(180)	1,2,4	11.250	46080
4	(31.5)	1,2,4	7.875	504		250	1	15.625	64000
	40	1,2,4,6	10.000	640	20	(140)	1,2,4	7.000	56000
	(50)	1,2,4	12.500	800		160	1,2,4	8.000	64000
	71	1	17.750	1136		(224)	1,2,4	11.200	89600
5	(40)	1,2,4	8.000	1000		315	1	15.750	126000
	50	1,2,4,6	10.000	1250	25	(180)	1,2,4	7.200	112500
	(63)	1,2,4	12.600	1575		200	1,2,4	8.000	125000
	90	1	18.000	22500		(280)	1,2,4	11.200	175000
6.3	(50)	1,2,4	7.936	1984		400	1	16.000	250000
	63	1,2,4,6	10.000	2500					

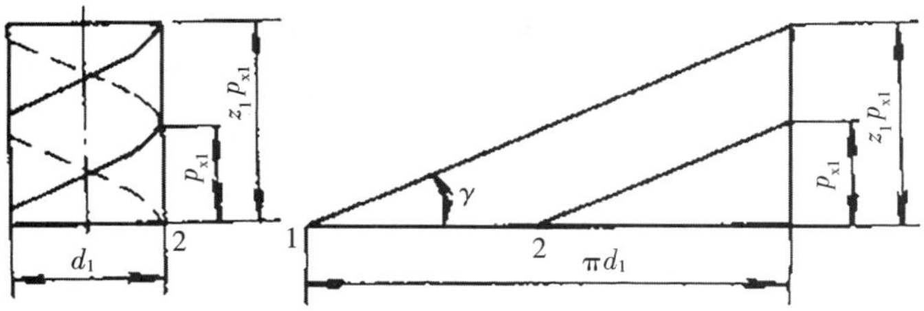

图 7-5　蜗杆导程角

同一模数的蜗杆，如果$\frac{z_1}{\tan\gamma}$，则分度圆直径就不同，而蜗杆的尺寸形状又必须与蜗轮滚刀相同，为了减少刀具规格，对蜗杆直径做了规定。m、z_1、d_1的相互配置见表 7-2。

7.2.3　蜗杆传动的几何尺寸计算

圆柱蜗杆传动的几何尺寸计算公式见表 7-3、表 7-4。

表 7-3　圆柱蜗杆传动几何计算公式

名称	符号	计算公式	
		蜗杆	蜗轮
蜗杆轴向齿距	p_x	$p_x=\pi m$	
蜗杆导程角	γ	$\tan\gamma=\frac{z_1m}{d_1}$	
分度圆直径	d	$d_1=\frac{z_1m}{\tan\gamma}$	$d_2=mz_2$
齿顶高	h_a	$h_{a1}=h_{a2}=h_a^*m=m$	
齿根高	h_f	$h_{f1}=h_{f2}=(h_a^*+c^*)m=1.2m$	
全齿高	h	$h_1=h_2=(2h_a^*+c^*)m$	
顶隙	c	$c_1=c_2=(0.2\sim0.3)m$	
齿顶圆直径	d_a	$d_{a1}=d_1+2h_{a1}$	$d_{a2}=d_2+2h_{a2}$
齿根圆直径	d_f	$d_{f1}=d_1-2h_{f1}$	$d_{f2}=d_1-2h_{f2}$
中心矩	a	$a=\frac{(d_1+d_2)}{2}$	

表 7-4 蜗杆、蜗轮宽度部分尺寸计算公式

蜗杆头数 z_1	1	2、3	4
蜗杆齿宽 b_1	$\geqslant(11+0.06z_2)m$		$\geqslant(12.5+0.09z_2)m$
蜗轮外径 d_{e2}	$\leqslant d_{a2}+2m$	$\leqslant d_{a2}+1.5m$	$\leqslant d_{a2}+m$
蜗轮宽度 b_2	$\leqslant 0.75d_{a1}$		$\leqslant 0.67d_{a1}$
蜗轮轮缘宽度 b	$\approx b_2+2m$		$\approx b_2+1.8m$
蜗轮齿宽角 θ	$=2\arcsin\left(\frac{b_2}{d_1}\right)$ $(\theta=90^\circ\sim130^\circ)$		

任务小结

蜗杆正确啮合的条件

(1)中间平面内蜗杆与蜗轮的模数和压力角分别相等，即蜗轮的端面模数等于蜗杆的轴面模数且为标准值；蜗轮的端面压力角应等于蜗杆的轴面压力角且为标准值。

(2)当蜗轮蜗杆的交错角吻合时，还需保证蜗轮与蜗杆螺旋线旋向相同。

任务三　蜗杆传动的失效形式、设计准则、材料和精度

任务描述

蜗杆传动的失效形式有哪些?

任务分析

在蜗杆传动中，蜗轮轮齿的失效形式有点蚀、磨损、胶合和轮齿弯曲折断。但一般蜗杆传动效率较低、滑动速度较大、容易发热等，故胶合和磨损破坏更为常见。

为了避免胶合和减缓磨损，蜗杆传动的材料必须具备减摩、耐磨和抗胶合的性能。一般蜗杆用碳钢或合金钢制成，螺旋表面应经热处理(如淬火和渗碳)，以便达到高的硬度(45～63 HRC)，然后经过磨削或珩磨以提高传动的承载能力。蜗轮多数用青铜制造，对低速不重要的传动，有时也用黄铜或铸铁。为了防止胶合和减缓磨损，应选择良好的润滑方式，选用含有抗胶合添加剂的润滑油。对于蜗杆传动的胶合和磨损，还没有成熟

的计算方法。齿面接触应力是引起齿面胶合和磨损的重要因素，因此仍以齿面接触强度计算为蜗杆传动的基本计算。此外，有时还应验算轮齿的弯曲强度。一般蜗杆齿不易损坏，故通常不必进行齿的强度计算，但必要时应验算蜗杆轴的强度和刚度。对闭式传动还应进行热平衡计算。如果热平衡计算不能满足要求，则在箱体外侧加设散热片或采用强制冷却装置。

知识准备

7.3.1　蜗杆传动的滑动速度

蜗杆传动时，在蜗杆与蜗轮齿面间会产生很大的滑动速度 v_s，由图 7-6 可得，

$$v_s=\sqrt{v_1^2+v_2^2}=\frac{v_1}{\cos\gamma}=\frac{\pi d_1 n_1}{60\times 1000\cos\gamma} \tag{7-3}$$

式中：v_1——蜗杆分度圆上的圆周速度，单位为 m/s；

v_2——蜗轮分度圆上的圆周速度，单位为 m/s；

d_1——蜗杆分度圆直径，单位为 mm；

n_1——蜗杆的转速，单位为 r/min；

γ——蜗杆分度圆导程角。

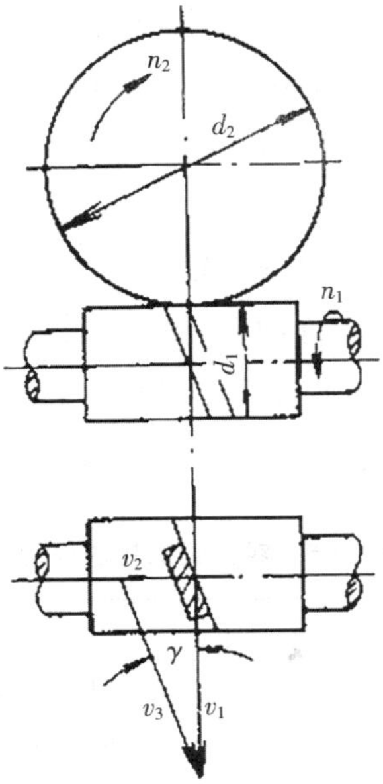

图 7-6　蜗杆传动的滑动速度

滑动速度的大小对蜗杆传动的润滑情况、失效形式、发热及传动效率都有很大影响。

7.3.2 蜗杆传动的失效形式和设计准则

1. 失效形式

蜗杆传动的受力情况与齿轮传动基本相同，所以其失效形式也与齿轮传动相类似，一般情况下，失效总是发生在强度较弱的蜗轮上。由于蜗杆传动齿面间具有较大的滑动速度，而且传动效率低，发热量大，故失效形式主要是点蚀和胶合。闭式蜗杆传动以胶合为主要的失效形式，开式蜗杆传动的失效形式主要是齿面磨损。

2. 设计准则

蜗杆传动的设计准则是：对于闭式蜗杆传动，通常按齿面接触疲劳强度进行设计计算，再按照齿根弯曲疲劳强度进行校核。此外，还应进行热平衡核算；对于开式蜗杆传动，通常按齿根弯曲疲劳强度进行设计计算。

7.3.3 蜗杆、蜗轮常用材料及选择

由蜗杆传动的失效特点可知，蜗轮和蜗杆材料不仅要具有足够的强度，还应具有良好的减摩性、耐磨性和抗胶合性。

1. 蜗杆材料

蜗杆常用材料为碳钢或合金钢，对于高速重载传动，常用 20Cr、20CrMn、20CrMnTi 等低碳合金钢，经渗碳淬火，表面硬度可达 56～62 HRC；对于中速中载的动力传动，蜗杆常用 45、40Cr、35CrMo 和 42SiMn 等，经表面淬火，表面硬度可达 45～55 HRC；对于低速及不重要的传动，可用 45 钢调质，硬度可达 220～250 HBW。

2. 蜗轮材料

蜗轮常用的材料有青铜、铸造铝铁青铜和铸铁等。锡青铜如 ZCuSn10Pb1，抗胶合性和耐磨性最好，但价格较高，允许的滑动速度可达 25 m/s；铝铁青铜具有足够的强度，并耐冲击，价格较便宜，但抗胶合性和耐磨性不如锡青铜，一般用于 $v_s<10$ m/s 的传动中；低速（$v_s<2$ m/s）、轻载时，可用铸铁。蜗轮常用材料见表 7-5、表 7-6。

表 7-5 锡青铜蜗轮的许用应力

蜗轮材料	铸造方法	滑动速度 $v_s/(\mathrm{m\cdot s^{-1}})$	$[\sigma_H]$/MPa		$[\sigma_F]$/MPa	
			蜗杆齿面硬度		受载情况	
			≤350 HBW	>45 HRC	单侧	双侧
ZCuSn10Pb1	砂模	≤12	180	200	51	32
	金属模	≤25	200	220	70	40
ZCuSn5Pb5Zn5	砂模	≤10	110	125	33	24
	金属模	≤12	135	159	40	29

表 7-6　铝铁青铜和铸铁蜗轮的许用应力

蜗轮材料	蜗杆材料	$[\sigma_H]$/MPa							铸造方法	$[\sigma_F]$/MPa	
		滑动速度 $v_s/(m \cdot s^{-1})$								受载情况	
		0.5	1	2	3	4	5	6		单侧	双侧
ZCuAl10Fe3	淬火钢	250	230	210	180	160	120	90	砂模	82	64
HT150 HT200	渗碳钢	130	115	90	—	—	—	—		40～48	25～30
HT150	调质钢	110	90	70	—	—	—	—		40～48	35

7.3.4　蜗杆传动的精度等级

国家标准对蜗杆传动规定了 12 个精度等级，其中 1 级精度最高，12 级精度最低。对于动力蜗杆传动，常选用 6～9 级精度。设计时可根据蜗轮圆周速度及使用条件查表 7-7 确定，精度等级的标注方法与齿轮传动基本相同。

表 7-7　蜗杆传动的精度等级

精度等级	相对滑动速度 $v_s/(m \cdot s^{-1})$	加工方法		应用
		蜗杆	蜗轮	
6 级	>10	淬火、磨光和抛光	滚切后用蜗杆剃齿刀精加工，加载跑合	速度较高的精密传动，中等精度的机床分度机构，发动机调速器的传动
7 级	≤10	淬火、磨光和抛光	滚切后用蜗杆剃齿刀精加工，加载跑合	速度较高的中等功率传动，中等精度的工业运输机的传动
8 级	≤5	调质、精车	滚切后建议加载跑合	速度较低或短时间工作的动力传动，或一般不太重要的传动
9 级	≤2	调质、精车	滚切后建议加载跑合	不重要的低速传动或手动

任务小结

蜗杆传动的失效形式与齿轮传动相同，也是齿面点蚀、磨损、胶合和轮齿折断。因为蜗杆传动啮合面间的摩擦力大，所以最常见的失效是胶合和磨损。蜗轮的强度较差，失效主要是发生在蜗轮轮齿上。一般采取下列措施：正确地选择材料、确定强度足够的几何尺寸，采取必要的散热措施。

任务四　蜗杆传动的强度计算

任务描述

蜗杆传动中为什么一般只需针对蜗轮轮齿进行强度计算？

任务分析

蜗杆传动常用于两轴交错、传动比较大、传递功率不太大或间歇工作的场合。

当要求传递较大功率时，为提高传动效率，常取 $z_1=2\sim4$。此外，由于当 γ_1 较小时传动具有自锁性，故常用在卷扬机等起重机械中，起安全保护作用。它还广泛应用在机床、汽车、仪器、冶金机械及其他机器或设备中，因为使用轮轴运动可以减少力的消耗，从而大力推广。

知识准备

7.4.1　蜗杆传动的受力分析

1. 轮齿上的作用力

如图 7-7 所示，蜗杆传动轮齿上的作用力与斜齿圆柱齿轮相似。在不计算摩擦力的情况下，将齿面上的法向力 F_n 分解为三个互相垂直的分力：切向力 F_t、轴向力 F_a 和径向力 F_r。

各力的大小分别为

$$F_{t1}=\frac{2T_1}{d_1} \tag{7-4}$$

$$F_{a1}=-F_{t2}=\frac{2T_2}{d_2} \tag{7-5}$$

$$F_{r1}=F_{t2}\tan\alpha \tag{7-6}$$

式中：d_1、d_2——蜗杆和蜗轮的分度圆直径，单位为 mm；

T_1、T_2——作用在蜗杆、蜗轮上的转矩，单位为 N·mm，其中 $T_2=T_1 i\eta$，η 为蜗杆传动的效率，见式(7-11)。

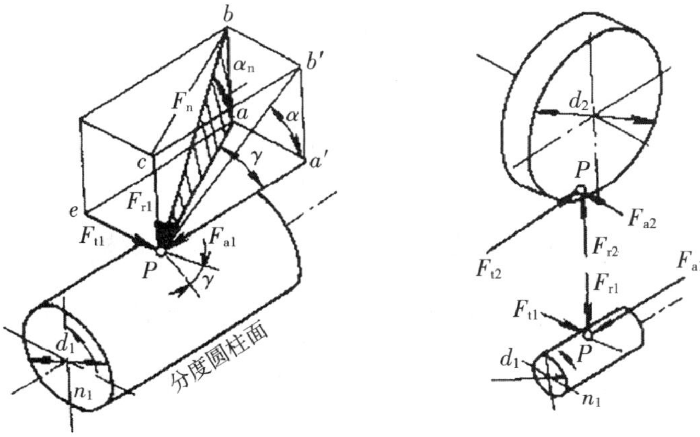

图 7-7　蜗杆传动的受力分析

各力的指向：F_{t1} 与蜗杆的转向相反，F_{r1} 沿半径指向蜗杆轴心，F_{a1} 的判断方法与斜齿圆柱齿轮相同，用主动蜗杆左(右)手定则判定。

2. 蜗轮转向判别

分析蜗杆和蜗轮的受力方向时，必须先指明主动轮和从动轮(一般蜗杆为主动轮)，根据蜗杆的旋向和转向，应用“左、右手定则”判别蜗轮转向。即右旋蜗杆用右手(左旋用左手)，四指顺着蜗杆转动方向弯曲，大拇指反方向即蜗轮转向。

7.4.2　蜗杆传动的强度计算

蜗杆传动中，由于蜗轮材料的强度较差，容易引起轮齿失效，所以，只需对蜗轮进行强度计算。必要时可验算蜗杆的刚度，方法与轴的刚度计算相同。

1. 蜗轮齿面接触疲劳强度计算

蜗轮与蜗杆啮合处的齿面接触应力与齿轮传动相似，仍以赫兹公式为基础。当钢蜗杆与青铜或灰铸铁蜗轮配对时，推导出蜗轮齿面接触疲劳强度的校核公式为

$$\sigma_H=\frac{500}{d_2}\sqrt{\frac{KT_2}{d_1}}\leqslant[\sigma_H] \tag{7-7}$$

设计公式

$$m^2 d_1\geqslant KT_2\left(\frac{500}{z_2[\sigma_H]}\right)^2 \tag{7-8}$$

式中：K——载荷系数，通常 $K=1.1\sim1.5$。载荷平稳、蜗轮圆周速度 $v_2<3$ m/s、传动精度较高时取小值。

$[\sigma_H]$——蜗轮材料的许用应力(MPa)，见表 7-6。

2. 蜗轮齿根弯曲疲劳强度计算

由于蜗轮的齿形较复杂，所以借用斜齿圆柱齿轮弯曲疲劳强度计算公式，可得蜗轮齿根弯曲疲劳强度校核公式

$$\sigma_F=\frac{1.53KT_2\cos\gamma}{d_1z_2m^2}Y_F\leqslant[\sigma_F] \tag{7-9}$$

设计公式

$$m^2d_1\geqslant\frac{1.53KT_2\cos\gamma}{z_2[\sigma_F]}Y_F \tag{7-10}$$

式中：Y_F——蜗轮齿性系数，是考虑轮齿的几何形状对齿根弯曲应力的影响而引入的系数。可按当量齿数 $z_v=\frac{z_2}{\cos^3\beta}$，由表 7-8 查取。

$[\sigma_F]$——蜗轮材料的许用弯曲应力(MPa)，见表 7-5、表 7-6。

表 7-8　蜗轮齿性系数

z_v	20	22	24	26	28	30	32	34	36	38
Y_F	1.98	1.93	1.88	1.85	1.80	1.76	1.71	1.67	1.63	1.59
z_v	40	45	50	60	70	80	90	100	150	200
Y_F	1.55	1.48	1.45	1.40	1.37	1.34	1.32	1.30	1.27	1.26

其他符号的意义和单位同前。

任务小结

蜗杆传动中一般只需针对蜗轮轮齿进行强度计算，而不是蜗杆。原因有二：1. 从材料上看，蜗杆由于尺寸小、转速高，所以选用的材料以及热处理的方式要比蜗轮好，强度自然要比蜗轮高。2. 从结构上看，蜗杆上面的齿是螺旋缠绕的，而蜗轮上的齿是悬伸出来的，蜗杆上的螺旋齿的强度就要比蜗轮上的齿强度高。综上，蜗杆传动失效经常发生在蜗轮轮齿上，故只需对蜗轮轮齿进行强度计算。

任务五　蜗杆传动的效率和热平衡计算

任务描述

为什么蜗轮蜗杆机构要进行热平衡计算？

任务分析

蜗杆传动由于效率低，所以工作时发热量大。在闭式传动中，如果产生的热量不能及时散出，则会因油温不断升高而使润滑油稀释，从而增大摩擦损失，甚至发生胶合。

因此，必须根据单位时间内的发热量等于同时间内的散热量的条件进行热平衡计算，以保证油温稳定地处于规定的范围内。

采取措施：

1. 加散热片以增大散热面积。
2. 在蜗杆轴端加装风扇以加速空气的流通。
3. 在传动箱内装循环冷却管。

知识准备

7.5.1　蜗杆传动的效率

闭式蜗杆传动的效率损失通常包括三部分：轮齿啮合摩擦损失效率、轴承摩擦损失效率和浸油零件的搅动润滑油的损失效率。其中，影响最大的是啮合摩擦损失效率，可按螺旋传动的效率求其后两项的效率为0.95～0.97。因此，蜗杆为主动件时，蜗杆传动总效率为

$$\eta=(0.95\sim0.97)\frac{\tan\gamma}{\tan(\gamma+\rho_v)} \tag{7-11}$$

式中：γ——蜗杆导程角；

ρ_v——当量摩擦角，$\rho_v=\arctan f_v$，f_v为当量摩擦系数，其值可查表7-9。

表 7-9　当量摩擦因数 f_v 和当量摩擦角 ρ_v

蜗轮材料	锡青铜				无锡青铜					
蜗杆齿面硬度	≥45 HRC		<45 HRC		≥45 HRC		<45 HRC		其他	
滑动速度 $v_s/(\mathrm{m \cdot s^{-1}})$	f_v	ρ_v	f_v	ρ_v	f_v	ρ_v	f_v	ρ_v	f_v	ρ_v
0.01	0.110	6°17′	0.120	6°51′	0.180	10°12′	0.180	10°12′	0.190	10°45′
0.05	0.090	5°09′	0.100	5°43′	0.140	7°58′	0.140	7°58′	0.160	9°05′
0.10	0.080	4°34′	0.090	5°09′	0.130	7°24′	0.130	7°24′	0.140	7°58′
0.25	0.065	3°43′	0.075	4°17′	0.100	5°43′	0.100	5°43′	0.120	6°51′
0.50	0.055	3°09′	0.065	3°43′	0.090	5°09′	0.090	5°09′	0.100	5°43′
1.00	0.045	2°35′	0.055	3°09′	0.070	4°00′	0.070	4°00′	0.090	5°09′
1.50	0.040	2°17′	0.050	2°52′	0.065	3°43′	0.065	3°43′	0.080	4°34′
2.00	0.035	2°00′	0.045	2°35′	0.055	3°09′	0.055	3°09′	0.070	4°00′
2.50	0.030	1°43′	0.040	2°17′	0.050	2°52′				
3.00	0.028	1°36′	0.035	2°00′	0.045	2°35′				
4.00	0.024	1°22′	0.031	1°47′	0.040	2°47′				
5.00	0.022	1°16′	0.029	1°40′	0.035	2°00′				
8.00	0.018	1°02′	0.026	1°29′	0.030	1°43′				
10.0	0.016	0°55′	0.024	1°22′						
15.0	0.014	0°48′	0.020	1°09′						
24.0	0.013	0°45′								

由式(7-11)可知，效率在一定范围内随 γ 的增大而增大，所以动力传动中常采用多头蜗杆，但是 γ 过大使加工困难，故 $\gamma_{max} \leqslant 27°$。

经过初步估算，蜗杆传动的总效率可查表 7-10。

表 7-10　蜗杆传动总效率

闭式传动				开式传动	自锁传动
z_1					
1	2	4	6	1～2	<0.5
0.7～0.75	0.75～0.82	0.82～0.92	0.86～0.95	0.6～0.7	

7.5.2 热平衡计算

由于蜗杆传动的发热量大，效率较低，如果不及时散热，会引起润滑不良而导致轮齿磨损加剧甚至产生胶合。因此，对连续工作的闭式蜗杆传动应进行热平衡计算，以限制工作温度不超过许用值。

设单位时间内由摩擦产生的热量 $Q_1=1000P_1(1-\eta)$，同时间内由箱体表面散发的热量 $Q_2=SK_S(t-t_0)$，根据热平衡条件，得油温 t 为

$$t=\frac{1000P_1(1-\eta)}{K_SA}+t_0 \qquad (7-12)$$

式中：K_S——箱体表面的散热系数，$K_S=10\sim18$ W/(m² · ℃)，通风良好时取大值；

A——散热面积(m²)，指内壁被油浸溅到且外壁与流通空气接触的箱体外表面积(散热片按 50%计算)；

t_0——环境温度，通常取 $t_0=20$ ℃。

若润滑油温度 t_1 超过许可温度($t_1>75\sim85$ ℃)，可采取下列措施：

(1)增加散热面积 A，在箱体上铸出或焊上散热片。

(2)在蜗杆轴端装风扇[见图 7-8(a)]。

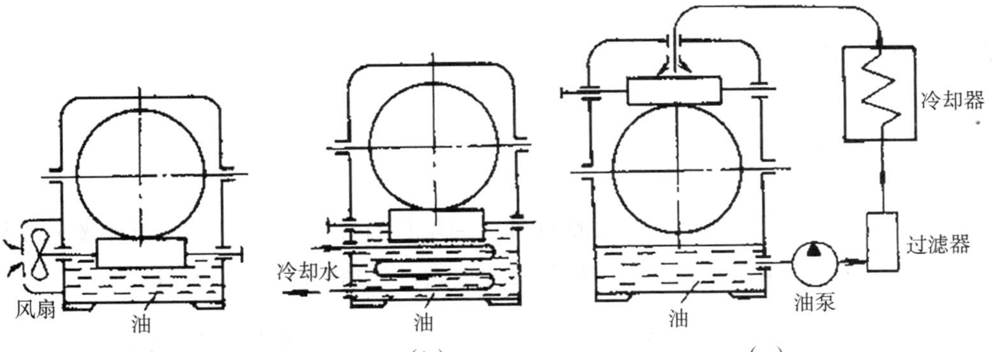

图 7-8 蜗杆传动的散热方法

(3)在箱体油池内装蛇形循环冷却水管[见图 7-8(b)]，或采用压力喷油循环冷却[见图 7-8(c)]。

任务小结

蜗杆传动由于效率低，所以工作时发热量大。在闭式传动中，如果产生的热量不能及时散出，则会油温不断升高而使润滑油稀释，从而增大摩擦损失甚至发生胶合。因此，必须根据单位时间内的发热量等于同时间内的散热量的条件进行热平衡计算，以保证油温稳定的处于规定的范围内。

任务六 蜗杆、蜗轮的结构

任务描述

蜗轮蜗杆的功用与结构特点？

任务分析

蜗杆蜗轮机构是由交错轴斜齿圆柱齿轮机构演化而来的，属于齿轮机构的一种特殊类型，是用来传递两交错轴之间的运动的一种齿轮机构，通常取交错角 $\sum=90°$。由于蜗杆蜗轮机构具有上述特点，故常用于两轴交错、传动比大、传递功率不太大或间歇工作的场合。当要求传递较大功率时，为提高传动效率，常取 $z_1=2\sim4$。此外，由于当 γ_1 较小时机构具有自锁性，故常用在卷扬机等起重机械中，起安全保护作用。

知识准备

7.6.1 蜗杆结构

通常蜗杆与轴做成一体，被称为蜗杆轴。当蜗杆直径较大时，可将蜗杆做成套筒形式，然后套在轴上。蜗杆轴有车制和铣制两种形式，分别如图 7-9(a)(b)所示。

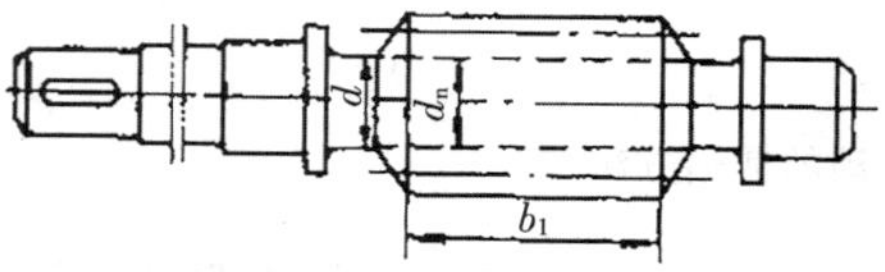

(a)车制 $d=d_{f1}-(2\sim4)$ mm

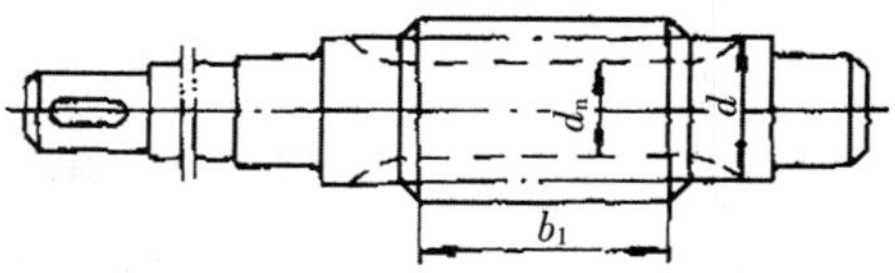

(b)铣制 $d>d_{f1}$

图 7-9 蜗杆传动

7.6.2 蜗轮结构

蜗轮的结构有以下几种形式：

1. 整体式[见图 7-10(a)]

用于铸铁蜗轮及直径小于 100 mm 的青铜蜗轮。

2. 齿圈式

当蜗轮直径较大时，这种结构可由青铜齿圈及铸铁轮芯所组成。齿圈与轮芯常采用H7/s6或H7/r6的配合，并加装4～8个紧定螺钉，以增强连接的可靠性。当蜗轮直径很大时，也可用螺栓连接[见图7-10(c)]。

3. 镶铸式［见图7-10(d)］

将青铜轮缘浇注在铸铁轮芯上，常用于批量生产的蜗轮。

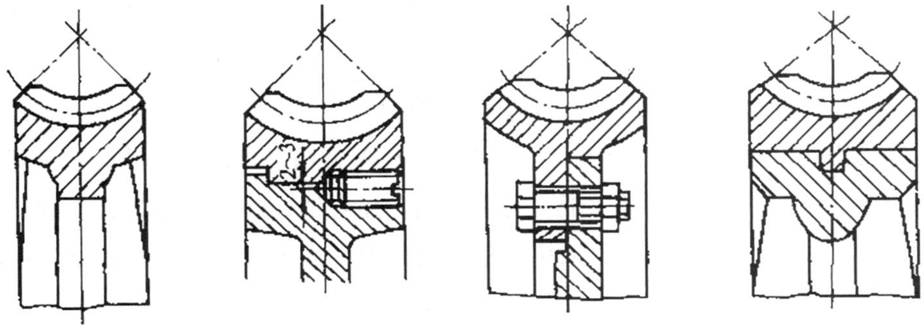

(a) (b) (c) (d)

图7-10 蜗轮结构

(a)整体式 (b)(c)齿圈式 (d)镶铸式

任务小结

蜗杆传动是由蜗杆和蜗轮组成的，用于传递交错轴之间的运动和动力，通常两轴交错角为90°。在一般蜗杆传动中，都是以蜗杆为主动件。

从外形上看，蜗杆类似螺栓，蜗轮则很像斜齿圆柱齿轮。工作时，蜗轮轮齿沿着蜗杆的螺旋面做滑动和滚动。为了改善轮齿的接触情况，将蜗轮沿齿宽方向做成圆弧形，使之将蜗杆部分包住。这样蜗杆蜗轮啮合时是线接触，而不是点接触。

任务七 蜗杆传动的维护

任务描述

蜗杆传动的常见问题及其解决办法有哪些？

任务分析

蜗杆传动的特点有：

(1)可以得到很大的传动比，比交错轴斜齿轮机构紧凑。

(2)两轮啮合齿面间为线接触，其承载能力大大高于交错轴斜齿轮机构。

(3)蜗杆传动相当于螺旋传动，为多齿啮合传动，故传动平稳、噪声很小。

(4)具有自锁性。当蜗杆的导程角小于啮合轮齿间的当量摩擦角时，机构具有自锁性，可实现反向自锁，即只能蜗杆带动蜗轮，而不能由蜗轮带动蜗杆。如在起重机械中使用的自锁蜗杆机构，其反向自锁性可起安全保护作用。

(5)传动效率较低，磨损较严重。一方面，蜗轮蜗杆啮合传动时，啮合轮齿间的相对滑动速度大，故摩擦损耗大、效率低。另一方面，相对滑动速度大使齿面磨损严重、发热严重，为了散热和减小磨损，常采用价格较为昂贵的减摩性与抗磨性较好的材料及良好的润滑装置，因而成本较高。

(6)蜗杆轴向力较大。

知识准备

蜗杆传动的维护要注意润滑、调整和跑合三个方面。

1. 蜗杆传动的润滑

蜗杆传动齿面间有较大的滑动速度，为提高传动效率，降低齿面工作温度，避免胶合及减少摩擦、磨损，蜗杆传动的润滑就很重要。为提高抗胶合和磨损能力，蜗杆传动通常选用黏度较大的润滑油，闭式蜗杆传动的润滑方式可根据齿面间的滑动速度和载荷大小查表 7 - 11。

表 7 - 11　蜗杆传动润滑油黏度及润滑方式

滑动速度 $v_s/(\mathrm{m\cdot s^{-1}})$	<1	<2.5	<5	5～10	10～15	15～25	>25
工作条件	重负荷	重负荷	中负荷	—	—	—	—
40 ℃(100 ℃)运动黏度/$(\mathrm{mm^2\cdot s^{-1}})$	1000(50)	460(32)	220(20)	100(12)	150(15)	100(12)	65(85)
润滑方式	浸油润滑			浸油或喷油润滑	喷射润滑的表压力/MPa		
					0.07	0.2	0.3

采用浸油润滑时，若蜗杆圆周速度 v_1 较低(≤5 m/s)，应将蜗杆下置，浸油深度为

蜗杆的1个齿高，且油面不超过蜗杆滚动轴承下方滚动体的中心。采用蜗杆上置时，蜗杆带油润滑效果较好，但箱中油易渗漏。当 $v_1>5$ m/s 时，蜗杆搅油阻力较大，此时应采用上置蜗杆，浸油深度可达蜗轮半径的$\frac{1}{3}$。

开式蜗杆传动的润滑方式采用手工周期性润滑。

2. 蜗杆传动的调整

安装蜗杆传动时，应仔细调整蜗杆与蜗轮的相对位置，确保中间平面通过蜗杆轴线。一般情况下，先固定好蜗杆的位置，再调整蜗轮。对于单向运转的蜗杆传动，通过调整蜗轮的位置，使蜗杆和蜗轮在偏于啮出一侧接触，以利于在啮合入口处造成油楔，易形成油膜润滑。

3. 蜗杆传动的跑合

安装好的蜗杆传动，须在空载低速下跑合一个小时后再逐步加载到额定值。在跑合5 h后检查接触斑点是否达到要求，若达到要求，就要在蜗杆与蜗轮的此位置同时做上记号，以便以后拆装调整时易于找正；若发现蜗杆齿面上粘有青铜，应立即停车，用细砂纸打去，再继续跑合。跑合后，应清洗全部零件，换新润滑油。蜗杆传动一般每运转2000～4000 h应更换润滑油，而且最好使用原牌号油，以免不同润滑油产生化学反应，改变油性。

任务小结

1. 常见问题及其原因

(1)减速机发热和漏油

为了提高效率，蜗轮减速机一般均采用有色金属做蜗轮，蜗杆则采用较硬的钢材。由于是滑动摩擦传动，运行中会产生较多的热量，使减速机各零件和密封之间热膨胀产生差异，从而在各配合面形成间隙，润滑油由于温度的升高变稀，易造成泄漏。造成这种情况的原因主要有四点：一是材质的搭配不合理；二是啮合摩擦面表面的质量差；三是润滑油添加量的选择不正确；四是装配质量和使用环境差。

(2)蜗轮磨损

蜗轮一般采用锡青铜，配对的蜗杆材料用45钢淬硬至45～55 HRC，或40Cr淬硬50～55 HRC后经蜗杆磨床磨削至粗糙度Ra0.8 μm。减速机正常运行时磨损很慢，某些减速机可以使用10年以上。如果磨损速度较快，就要考虑选型是否正确，是否超负荷运行，以及蜗轮蜗杆的材质、装配质量或使用环境等原因。

(3)传动小斜齿轮磨损

一般发生在立式安装的减速机上，主要与润滑油的添加量和油品种有关。立式安装时，很容易造成润滑油量不足。减速机停止运转时，电机和减速机间传动齿轮油流失，齿轮得不到应有的润滑保护。减速机启动时，齿轮由于得不到有效润滑，从而导致机械磨损甚至损坏。

(4)蜗杆轴承损坏

发生故障时，即使减速箱密封良好，也经常发现减速机内的齿轮油被乳化，轴承生锈、腐蚀、损坏。这是因为减速机在运行一段时间后，齿轮油温度升高又冷却后产生的凝结水与油混合。当然，也与轴承质量及装配工艺密切相关。

2. 解决方法

(1)保证装配质量

可购买或自制一些专用工具，拆卸和安装减速机部件时，尽量避免用锤子等其他工具敲击；更换齿轮、蜗轮蜗杆时，尽量选用原厂配件和成对更换；装配输出轴时，要注意公差配合；要使用防黏剂或红丹油保护空心轴，防止磨损生锈或配合面积垢，维修时难拆卸。

(2)润滑油和添加剂的选用

蜗齿减速机一般选用 220＃齿轮油，对重负荷、启动频繁、使用环境较差的减速机，可选用一些润滑油添加剂，使减速机在停止运转时齿轮油依然附着在齿轮表面，形成保护膜，防止重负荷、低速、高转矩和启动时金属间的直接接触。添加剂中含有密封圈调节剂和抗漏剂，使密封圈保持柔软和弹性，有效减少润滑油泄漏。

(3)减速机安装位置的选择

位置允许的情况下，尽量不采用立式安装。立式安装时，润滑油的添加量要比水平安装多很多，易造成减速机发热和漏油。

(4)建立润滑维护制度

可根据润滑工作“五定”原则对减速机进行维护，做到每一台减速机都有责任人定期检查，发现升温明显，超过 40 ℃或油温超过 80 ℃，油的质量下降或油中发现较多的铜粉以及产生不正常的噪声等现象时，要立即停止使用，及时检修，排除故障，更换润滑油。加油时，要注意油量，保证减速机得到正确的润滑。

模块总结

1. 蜗杆传动由蜗杆和蜗轮组成，用于传递空间两垂直交错轴间的运动和动力，其传动平稳，传动比大，可以自锁，但效率较低。

2. 阿基米德蜗杆传动在中间平面内，相当于齿条与渐开线齿轮的啮合，其设计计算都以中间平面的参数为准。其正确啮合的条件是：

$$m_{x1}=m_{t2}=m$$

$$\alpha_{x1}=\alpha_{x2}=\alpha$$

$$\gamma=\beta$$

3. 蜗杆导程角 γ、头数 z_1、模数 m 与分度圆 d_1 的关系为：

$$d_1=\frac{z_1 m}{\tan\gamma}$$

4. 根据蜗杆的旋向，应用“左、右手定则”就能判断出蜗轮的转向。

5. 蜗杆传动的强度计算一般只针对蜗轮，其设计计算准则与齿轮传动相同，对连续工作的闭式蜗杆传动还要进行热平衡计算。

参考文献

[1]张建中. 机械设计基础[M]. 北京：高等教育出版社，2007.

[2]陈远华. 机械设计基础[M]. 大连：大连理工大学出版社，2010.

[3]隋明阳. 机械设计基础. 2 版[M]. 北京：机械工业出版社，2009.

[4]戴裕崴. 机械设计基础. 2 版[M]. 大连：大连理工大学出版社，2009.

[5]吴韦，任红英. 机械设计教程[M]. 北京：北京理工大学出版社，2008.

[6]庄严. 机械设计教程[M]. 北京：北京理工大学出版社，2009.

[7]徐春艳. 机械设计教程[M]. 北京：北京理工大学出版社，2008.

[8]罗玉福，王少岩. 机械设计基础. 3 版[M]. 大连：大连理工大学出版社，2009.

[9]朱龙根. 机械设计[M]. 北京：机械工业出版社，2006.

[10]黄锡恺，郑文伟. 机械原理[M]. 北京：高等教育出版社，1989.

[11]姚昌成，葛洪彦. 机械原理与机械零件[M]. 北京：国防工业出版社，1984.

[12]隋明阳. 机械设计基础练习册[M]. 北京：机械工业出版社，2001.

[13]宋宝玉. 机械设计基础练习册[M]. 哈尔滨：哈尔滨工业大学出版社，2002.

[14]马永林. 机械原理[M]. 北京：高等教育出版社，1992.

[15]濮良贵，纪各刚. 机械设计. 8 版[M]. 北京：高等教育出版社，2006.

[16]何元庚. 机械原理与机械零件. 2 版[M]. 北京：高等教育出版社，1998.

[17]黄平，朱文坚. 机械原理与机械零件[M]. 广州：华南理工大学出版社，2006.

[18]吴宗泽，刘莹. 机械设计教程[M]. 北京：机械工业出版社，2003.

[19]魏兵，熊禾根. 机械原理[M]. 武汉：华中科技大学出版社，2007.

[20]孙建东，李春书. 机械原理[M]. 北京：清华大学出版社，2007.

[21]王宁侠，魏引焕. 机械原理[M]北京：机械工业出版社，2005.